日本最古の水道

「小田原早川上水」を考える

小田原の郷土史再発見 Ⅱ

石井啓文 著

早川上水取入口水門

「早川上水公園」の夢をこの周辺で

居神神社に奉られた水神社

はじめに

天正十八年（一五九〇）七月五日、全国の大名たちに小田原城を包囲されていた北条五代氏直は、三ヶ月の籠城戦に終止符を打ち、豊臣秀吉の軍門に下ります。同十日、今井村（現寿町）に布陣していた徳川家康は、東海道東側の小田原府内出入り口である江戸口から、小田原城検分のため小田原の町に入ります。周囲八里と言われる総構えで守られていた小田原の町は、普段と変わらないたたずまいであったと伝えられています。

その一因は、東海道の真中を流れる「早川上水」にあったと言えるでしょう。

家康は、その二日後の十二日、家臣の大久保藤五郎忠行を呼び、江戸の水道調査を命じ、八月一日に江戸入りすると僅か三ヶ月で小石川上水を敷設しています。

昭和三十五年（一九六〇）、小田原市制施行二十周年を記念して小田原城天守閣が復興されました。

この復元天守閣の設計者である（当時）東京工業大学教授藤岡通夫博士は、著書『城と城下町』で、

「城下町に武士をはじめ商工業者が集住すると、まず考えなければならぬのは飲用水その他の生活用水である。（中略）既に室町末期の天文十四年（一五四五）に小田原早川上水があったと伝えられ、（後略）」

と、記されています。

また、平成三年（発刊）当時、国学院大学名誉教授であり文学博士の、樋口清之監修、NHK出版部のビジュアル百科『江戸事情（全六巻）』は、第一巻生活編「水」の項で、次のように記しています。

「城下町で水道を用いるようになったのは、天文十四年、小田原が始めである。江戸では神田上水が天正十八年、玉川上水が承応三年（一六五四）に竣工されたので、江戸っ子は水道の水で産湯をつかったことになる」

この記述をお借りすれば、小田原っ子は江戸っ子より早く戦国時代には水道の水で産湯をつかっていたことになろう。このように著名な学者も認める「小田原早川上水」は、小田原北条氏が敷設したもので、「日本最古の水道」と記されています。

平成二年、広報「小田原」に都市計画課から「小田原用水を復元」という記事が掲載されました。この記述に「日本最初の水道」が曖昧な表現になっていることに興味を抱き、小田原用水を調べ始めました。

すると、先に記した「小田原早川上水」は、当初は「小田原用水」と言われていたことが知れます。そして、各地に水道が敷設され「上水・水道」の言葉が生まれると、江戸時代中期には「早川上水」と呼ばれ、幕末から明治時代は「小田原水道」と記されていることが分かります。

ところが、「小田原早川上水」は、飲用を主としたものでなく城濠に引水するのが目的で、灌漑を兼用とした水道として、日本最初の水道から除外する論調の書籍に出会います。このことを知ったとき、「小田原用水」と称しては駄目だ！「早川上水」と言わなければ、「日本で最初の水道」から除外されてしまう！と考え、小田原市長への手紙等で訴えてきました。

平成十四年一月一日付神奈川新聞に、「小田原用水モデル復元へ」という記事が掲載されました。

そこには、「日本最古の水道」も、「小田原北条氏の事績」も全く記されていません。私の心配が現実に示されたわけです。私は、「用水の復元では小田原の歴史が曲げられ、小田原北条氏の事績が消される！」と、『小田原史談』に投稿しました。私の拙い論考を、小田原史談会が掲載していただいたお陰で、徐々に「小田原早川上水」が知られつつあります。調査の過程で、古新宿（現浜町）の人たちが、昭和五十六年頃「早川上水跡」碑を建立し、それが現存していることも教えられます。

本書はこうした先人の足跡を再発見し、現代の町作りにも活かしつつ、次代の小田原市民に、「わが国水道発祥の地」であることを伝えるため、板橋の早川上水取入口周辺を「早川上水公園」として整備されるよう、小田原市に陳情したく「早川上水を考える会」を始め、「小田原史談会」等の人たちに支えられて編集できたことをお知らせして巻頭のご挨拶とさせていただきます。

なお、刊行本の著者と故人については敬称を省略して記した失礼をご容赦ください。

また、表題等は極力全国版書籍に倣って「小田原早川上水」と記しましたが、本文中では通常言われている「早川上水」と、「小田原」を割愛した表記になったことをご理解いただきたくお願い申し上げます。

平成十六年五月

石井啓文

小田原の郷土史再発見 Ⅱ

日本最古の水道「小田原早川上水」を考える　目次

序章 「小田原用水」の復元

平成十一年二月一日号の広報「小田原」に、「小田原用水の復元」という記事が掲載された。

「小田原用水」って知ってますか!

小田原用水の創設時期は明らかではありませんが、古い文献を開いてみると500年以上も昔、北条氏の時代にさかのぼるのではないかと考えられます。板橋で取水された早川の水は、東海道の沿道の各町に分水し、古くは人々に飲料水として利用され、城下を潤していました。小田原用水から各戸に水を引くためには、木管といわれる木製の水道管が用いられ、その水を炭や砂でろ過して使っていたようです。

このようなことから、小田原用水はわが国で最初の公共用水道だったのではないかと言われています。

しかし、明治時代まで防火用水や雑用水として一般に利用されてきたこの小田原用水も、近代水道施設の整備とともにその役割を終え、現在では板橋地区を除いてはほとんどが埋設されて、暗渠《あんきょ》となり、人々の生活からは遠い存在となってしまいました。

なぜ小田原用水の復元なんだろう?

私たちのまち小田原は古くから都市として発展し、歴史、文化、自然など多くの貴重な財産を先祖から受け継いできました。
しかし、震災などにより城下町の面影は破壊され、また、他の日本の都市と同様、近代化を進める中で、まちは少しずつその個性や魅力を失ってしまいました。
そして今、時代は大きな転換期を迎え、心に豊かさを感じることのできる個性あるまちづくりが求められるように変わってきました。
市では小田原のもつ歴史や文化などの資産に磨きをかける

広域的な交流の拠点となる小田原城や周辺市街地の再整備、城址エリアの整備などを進め、歴史・文化を生かした魅力ある回遊空間をつくるため、小田原市総合計画「ビジョン21おだわら」のリーディング事業として「城下町夢道づくり」(昨年８月号に掲載)のほかに「小田原用水の復元」を目指しています。

問 都市計画課 ☎33-1573

「小田原用水」って知ってますか！

小田原用水の創設時期は明らかではありませんが、古い文献を開いてみると500年以上も昔、北条氏の時代にさかのぼるのではないかと考えられます。

板橋で取水された早川の水は、東海道の沿道の各町に分水し、古くは人々に飲料水として利用され、城下を潤していました。小田原用水から各戸に水を引くためには、木管といわれる木製の水道管が用いられ、その水を炭や砂でろ過して使っていたようです。

このようなことから、小田原用水はわが国で最初の公共用水道だったのではないかと言われています。

しかし、明治時代まで防火用水や雑用水として一般に利用されてきたこの小田原用水も、近代水道施設の整備とともにその役割を終え、現在では板橋地区を除いてはそのほとんどが埋設されて、暗渠《あんきょ》となり、人々の生活からは遠い存在となってしまいました。

今なぜ小田原用水の復元なんだろう？

私たちのまち小田原は古くから都市として発展し、歴史、文化、自然など多くの貴重な財産を先祖から受け継いできました。

しかし、震災などにより城下町の面影は破壊され、また、他の日本の都市と同様、近代化を進める中で、まちは少しずつその個性や魅力を失ってしまいました。

そして今、時代は大きな転換期を迎え、心に豊かさを感じることのできる個性あるまちづくりが求められるように変わってきました。

市では小田原のもつ歴史や文化などの資産に磨きをかけるとともに、まちに潤いや安らぎを取り戻し、誇りと愛着のもてるまちを育てることが重要な課題であると考えています。

また、昨今問題となっている中心市街地の活力の低下に対し、「訪れたい」「歩いてみたい」と思うようなまちをつくり、人々の回遊性を高め、まちの活性化に結び付けていきたいと考えています。

そこで、小田原用水をせせらぎとしてよみがえらせるとともに、歩車道の整備や緑化、電線類の地中化、さらには沿道の建物の景観誘導などを同時に行うことにより、美しく魅力的なまちをつくり、地域や商店街の活性化に役立てられないかと考えました。

未来への贈り物

市では旧東海道の小田原宿の中心として古い歴史を持ち、埋設されながらも今も小田原用水が流れる宮之前・高梨町で、住民の皆さんとともに約１８０mにおよぶせせらぎの整備について検討しています。

水道としての役割を終えた小田原用水をせせらぎという新たな形で整備することは、先人たちのまちづくりの努力を現代に受け継ぎ、さらには、未来へ引き継いでいく意味からも大変意義のあることと考えています。

21世紀の小田原のまちをせせらぎが潤す姿を思い描き、皆さんにもぜひ応援していただきたいと思います。

広報「小田原」(平成11年〈1991〉２月１日号)

とともに、まちに潤いや安らぎを取り戻し、誇りと愛着のもてるまちを育てることが重要な課題であると考えています。

また、昨今問題となっている中心市街地の活力の低下に対し、「訪れたい」「歩いてみたい」と思うようなまちをつくり、人々の回遊性を高め、まちの活性化に結び付けていきたいと考えています。

そこで、小田原用水をせせらぎとしてよみがえらせるとともに、歩車道の整備や緑化、電線類の地中化、さらには沿道の建物の景観誘導などを同時に行うことにより、美しく魅力的なまちをつくり、地域や商店街の活性化に役立てられないかと考えました。

未来への贈り物

市では旧東海道の小田原宿の中心として古い歴史を持ち、埋設されながらも今も小田原用水が流れる宮之前・高梨町で、住民の皆さんとともに約180mにおよぶせせらぎの整備について検討しています。

水道としての役割を終えた小田原用水をせせらぎという新たな形で整備することは、先人たちのまちづくりの努力を現代に受け継ぎ、さらには、未来へ引き継いでいく意味からも大変意義のあることと考えています。21世紀の小田原のまちをせせらぎが潤す姿を思い描き、皆さんにもぜひ応援していただきたいと思います。


以上が広報の全文である。私は、この文章から次の二点に興味を覚えた。
①木製の水道管が用いられ、その水を炭や砂でろ過して使っていた。
②小田原用水は、わが国で最初の公共用水道だったのではないか。
そして、後述の史料から判明しますが、「明治時代まで防火用水や雑用水として一般に利用されてきた」と

あるのは間違いで、「江戸時代はもとより、北条時代から明治時代までは「飲用を主とした水道」として使用されており、「雑用水」に用いられたのは、昭和初期からの五十年程である。

では、①の「炭や砂でろ過した」とは、どのような仕組みであろうか？

結論として、私が調べた限りこうした史料は見られない。私の所属する西相模歴史研究会の先生方にもお聞きしたが、全く聞いたこともないという。では、広報は何を根拠にしての記述であろうか？

記事執筆の「都市計画課」等を尋ね調べる内に、昭和六十一年発行の『おだわらの水～小田原水道五十年史～』（以下『五十年史』と略す）からの引用と判明する。

本の巻末にある二三名の編集関係者に問い合わせて欲しいとお願いしたが、書かれた人は既に退職され、高齢の人もおり聞くことが出来ず分からないという。

仕方なく、このことは頭の隅に置き、②の「日本最初の水道ではなかったか？」を調べることにする。

私が得た答は、「日本最古の水道」は間違いない。小田原北条氏が敷設し、江戸時代初期には「小田原用水」と呼ばれたが、天保七年（一八三六）の史料とされる『新編相模国風土記稿』には「早川上水」と記され、幕末から明治期は「小田原宿水道」と呼ばれていたことが知れる。このことを、小田原史談会会報『小田原史談』一八五・六（平成十三年三・七月）号に発表し、平成十三年末、上梓した拙著『小田原の郷土史再発見』に収載した。後述するが、その後、雑誌社からの投稿依頼を受け、全国読者向けに寛永期までに敷設された上水・水道の領主を調べ、また、埋樋の寸法等の史料も判明したことで、加筆した「小田原早川上水」を記し、未来を考える礎としたいと考えた。

第一章　日本最古の水道「小田原早川上水」

平成十二年末、市制施行六十周年を迎えた小田原市は、NHK大河ドラマに「北条早雲」を取り上げるよう運動するという。早雲に限らず、北条五代の治世とその事績には見るべきものが多々あるが、余り知られていない。その内の一つに、日本で初めて敷設された水道「小田原早川上水」が上げられる。

1　早川上水の敷設

天文十四年（一五四五）二月、連歌師谷宗牧が東海道を遊歴し、小田原に立寄った際の紀行文「東国紀行」に、次の記述が見える。

「君卓のかざられ庭篭の鳥、数々の面白さ、遣水の筧雨にまがはず。水上は箱根の水海よりなどきゝ、侍りて驚くばかりなり」

北条氏康・幻庵に歓迎され、氏康館の庭水が、箱根芦ノ湖を水源とする早川であることを知り驚いたことを記している。この文章から、既に二代北条氏康時代には水道が敷設されていることが知られている。

貞享三年（一六八六）の「御引渡記録」（小田原領主稲葉氏から大久保氏への引継）は、「小田原用水之事」と題して、

「小田原町中江之用水早川より取之三丸侍屋敷江も水道付申候」

と引継ぎ、同年四月の「小田原町明細書」も、次のように記している。

「一山角町ノ光円寺前より御小屋之前水道普請之節、人足罷出候事」

稲葉氏が、三の丸侍屋敷や他へも水道を導いており、それ以前にも水道が敷設されていたことも窺える。

文化四年（一八〇七）に作成されたという、『東海道分間延絵図』（以下『延絵図』と略す）には、上方（板橋）口の東海

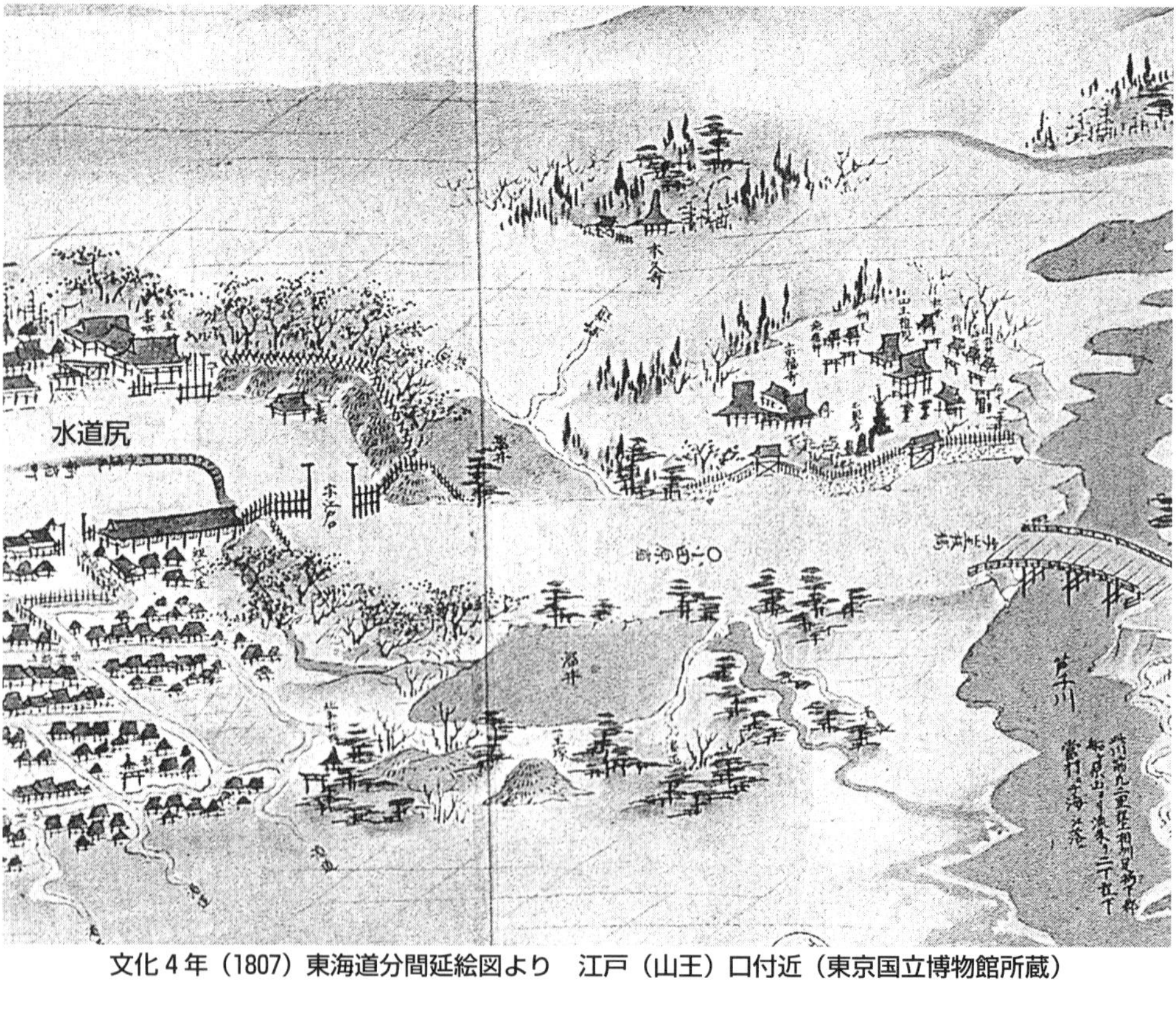

文化４年（1807）東海道分間延絵図より　江戸（山王）口付近（東京国立博物館所蔵）

道の中央に「水道筋」、江戸（山王）口も同道の真中に、「水道尻」と記され、溜井（蓮池）に注いでいる様子が描かれている。町中は暗渠のためであろう省略されている。

天保七年（一八三六）の史料とされる『新編相模国風土記稿』（以下『風土記』と略す）小田原宿（上）の項では、次のように記している。

「〇早川上水　西方板橋村にて早川を分水し、山角町光圓寺境内より東海道の大路を疏通し、東方新宿町より江戸口外左右の池に流れ入り。此を今蓮池と呼り、按ずるに小田原の役に、細田勘三郎正時、蓮池にて討死せしこと所見あり、此池邊なるべし」【寛永細田譜】曰、正時、甲州一亂の後、大權現に召出され、井伊兵部少輔直政に屬せらる、

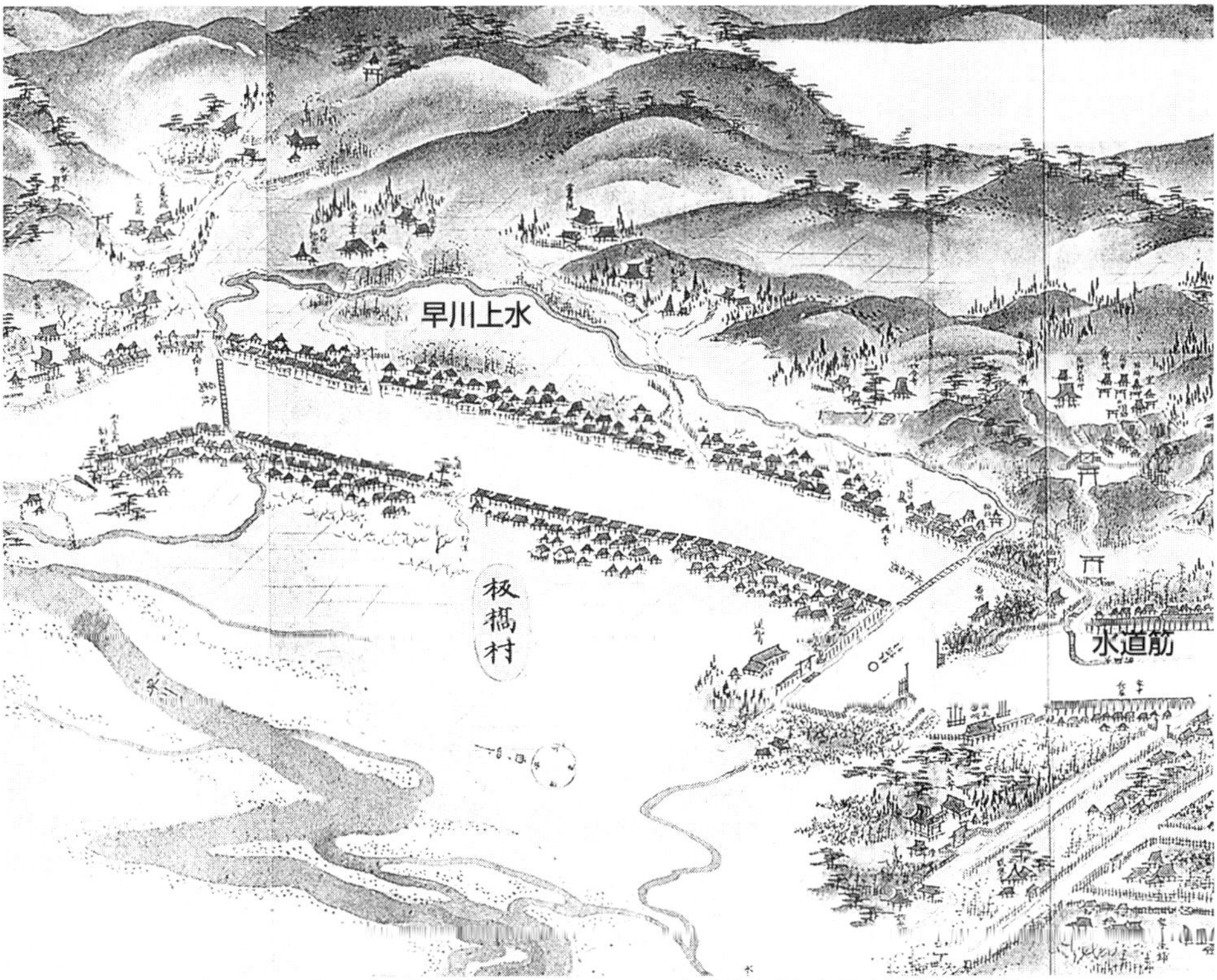

文化４年（1807）東海道分間延絵図より　板橋村（東京国立博物館所蔵）

小田原陣の時、蓮池に於て討死、法名道覽、今按ずるに此役や、直政山王笹（篠）郭を乗破りしことあり、則池邊なり、正時も此時討死せしなるべし」、此上水を府内町々に引分て飲水す［但須藤・竹花の二町のみ、水至らざるを以て堀井あり］、領主の修理なり」

現在も板橋の清流を辿ると、板橋見附の光円寺境内で暗渠に入り、東海道の地下を流れている様子が分かる。「光円寺境内より東海道の大路」とあるが、水道計画時に寺の境内に水路を敷設することは考えられない。同寺は、寛永九年（一六三二）、春日局によって再建されたと言われ、同年以前に敷設された水道の上に寺が建立されたことが窺える。

このように、早川上水は板橋村を経て町中を通り、江戸口にある蓮池に注いでおり、そこに篠（山王）曲輪があったことが判明する。

『風土記』板橋村の項では、「小田原用水」を記している。

「○小田原用水　早川の涯に水門［高一丈二尺、幅八尺］を設て水を堰入、村中を流れ［幅六・七尺］小田原山角町に入、府内の飲水となす、又村内東海道の傍に、小なる溜井を設、非常に備ふ」

以上、小田原北条時代に敷設された上水道が、始めは「小田原用水」と称されていたが、天保七年（一八三六）の小田原宿では「早川上水」と呼ばれ、「小田原用水」は開渠であった板橋村での固有名詞と判明する。

山角町（現南町）にある居神《いがみ》神社（P.15『延絵図』右端の二つの鳥居のある神社）は、天正十六年（一五八八）の伝肇寺文書に「井神の森」と記され、水神（『延絵図』にも描かれている）を祀っている。先に記した光円寺境内を通った上水は、居神神社前が城下東海道の起点に当たり、同神社の本来の目的は早川上水の水神であったとも考えられ、水神が祀られた由縁が窺える。

この「井神の森」と関連すると思われる「水神の森」が、現代の明細地図（下記参照）の早川上水取入口付近、河川敷内に記されている。このことをご教示いただいた板橋在住の日下部庄一氏は、清流早川の水を象徴する名前（地名か？）が残されていると言われる。

私見であるが、小田原城下最初の町づくりは、大永七年（一五二七）頃から、二代北条氏綱によって為されたと考えている。飲料水確保のため東海道の中央に小川を敷設したのも、氏綱によって町づくりと同時に着工されたのではないだろうか？

本項冒頭に示した「東国紀行」から、当時、氏康館まで引水していたことは確認できる。『風土記』に記された小田原府内町の家数は、古新宿（現浜町近辺）が最も多く、小田原発祥の地と考えても無稽でなく、当然、東海道の江戸（山王）口まで敷設されていたことが窺える。

当初は、「上水・水道」の言葉はなく「小田原用水」と称

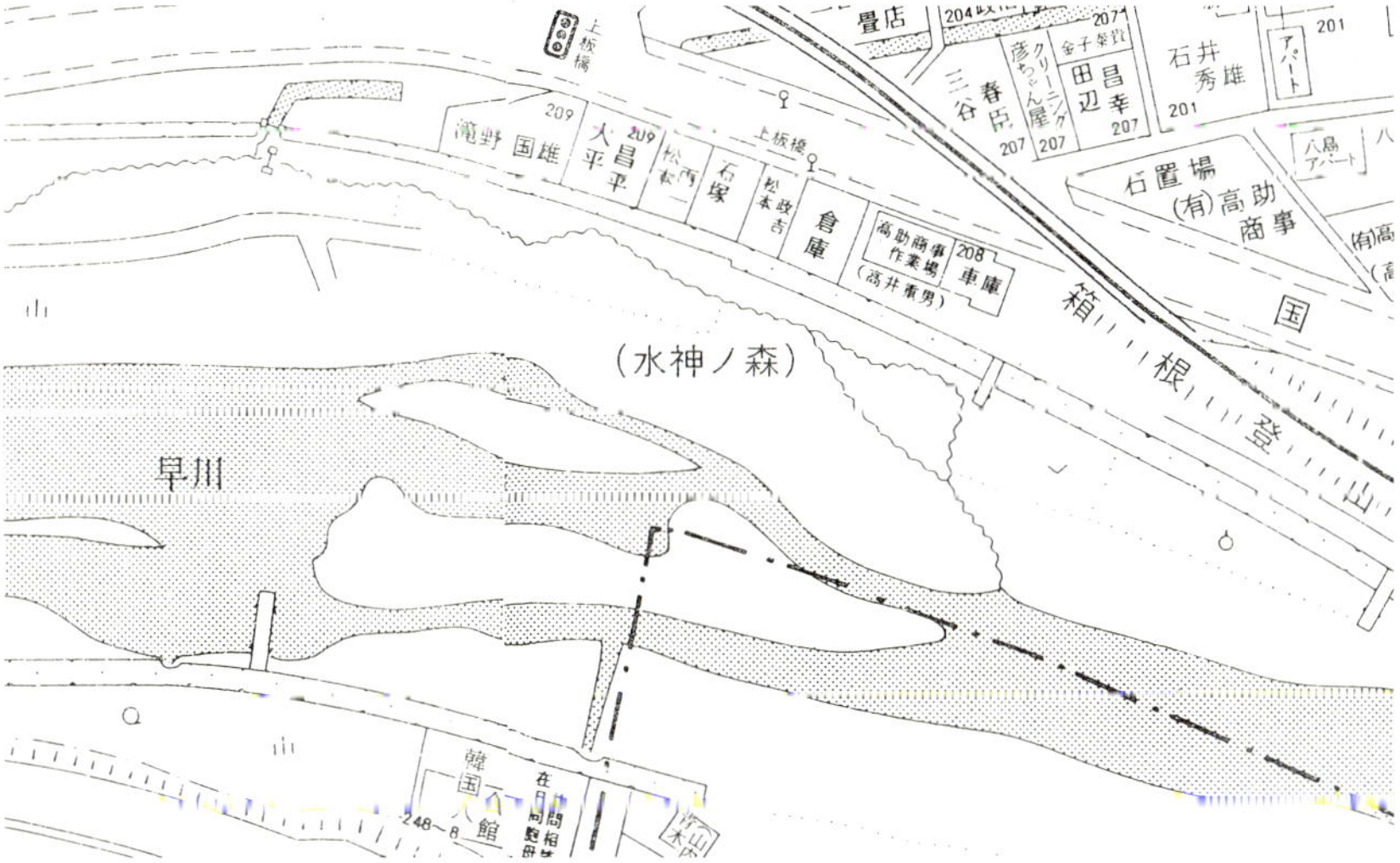

水神の森（小田原市明細地図）

されたのであろう。江戸時代初期に各地で上水道が敷設され、灌漑用水と区別した「上水・水道」の言葉が生まれた（『日本史大辞典』）。小田原用水も、町中が暗渠になり早川から取水していることから、「早川上水」と呼ばれ、幕末から明治期には、「小田原宿水道」と記している。

因みに、貞享三年（一六八六）の「御引渡記録」（P.14）には、「水道」の言葉も使われているが、小田原の史料では、承応三年（一六五四）（P.29②）が、「水道」の初見（初めて文書に見える）である。

江戸時代の小田原領民が、飲料水に何を用いていたか？「村明細帳」（村鑑）に記している村がある。

寛文十二年（一六七二）七月　足柄上郡赤田村　一呑水ハ面々ほり井土用申候

寛文十二年（一六七二）七月　足柄上郡篠窪村　一呑水ハ面々堀いと用申候

寛文十二年（一六七二）七月　足柄下郡永塚村　一呑水　堀井土用申候

寛文十二年（一六七二）七月　足柄下郡板橋村　一呑水者川水用ひ申候

寛文十二年（一六七二）八月　足柄上郡都夫良野村　一呑水者沢水川水用申候

寛文十二年（一六七二）八月　足柄下郡下新田村　一天《ママ》水井土堀水にて用申候

寛文十二年（一六七二）九月　足柄上郡久所村　一呑水ハ堀井戸五ツ、其外ハ川水用申候

寛文十二年（一六七二）九月　足柄下郡小船村　一呑水　井戸水ニて御座候

寛文十二年（一六七二）九月　足柄下郡曽我原村　一村中呑水□面々ほりいと用申候

寛文十二年（一六七二）　足柄下郡網一色村　一呑水堀井土用申候

貞享　三年（一六八六）四月　足柄下郡箱根小田原町　一呑水者御殿山沢より出申候水をとひニ而取申候、火之用心之ため家々之前ニためを致置候

こうして見ると、容易に掘井戸で水の出る所は井戸水、出ない所が川水や沢水を用いていたことが窺える。板橋村は、「川水を用いる」とある。とすると、同村では「早川上水」は使わず、直接、早川の水を飲料水としていたのであろう。「早川上水」は板橋村では東海道に設けず山側に避け、宿内で道路中央に敷設したのは水圧を得るためではなかろうか？

「箱根小田原町」とあるのは、元和五年（一六一九）の箱根関所の開設に伴い、小田原の住民が移住して開かれた町で、西側は「箱根三島町」である。ここでは沢水を樋で導き飲用としている。小田原宿内を埋樋・掛樋（P.26・27）で張り巡らせた土木技術の応用が窺われる。

2　日本で初めての水道

この「早川上水」が「日本最初の水道」であることを確かめたく、『日本の上水』（堀越正雄著）に出会った。ところが、この本や『井戸と水道の話』（同著者）では、早川上水は開設年次が不明で、城堀に引水するのが目的であったとして、「日本最古の水道」としながら、「わが国初めての水道」であることを除外する論調が記され、日本で最初の飲用を主とした水道は「神田上水である」と記している。

これは、同氏が参考にした『明治以前日本土木史』（昭和十一年刊・P.86、以下『土木史』と略す）が、㈠一般飲料に供せる水道、㈡官公用を主とせる水道、㈢灌漑を兼用とせる水道、と三分類していることから、

①一般の飲用を主とする水道

②潅漑を兼用とした水道

③官公用専用の水道

と言い換え、「小田原早川上水」は、②に属されているからと判明する。

そして、①の最初の水道が「神田上水」であるという。しかし、堀越氏も『土木史』も何を根拠に、何の基準を以て分類したかは全く示していない。同氏は「早川上水」は、城堀に引水するのが目的だったとして、②の「灌漑を兼用とした水道」としているのである。

天文二十年（一五五一）、飛騨から小田原に来た旅僧明叔は紀行文「明叔録」で、小田原城の「三方に大池あり」と、記している。その三方の大池について、『小田原市史別編城郭』は次のように解説している。

「北は、池中に弁財天が祠られていた『蓮池』、東は現『二の丸東堀』、南は『御感の藤』を映す『南曲輪南堀』の三箇所と、これらの池沼を連繋した当時の外郭が想定されている。この辺りは低湿地で、戦前までは場所によっては熊笹に覆われた堀跡が残り、底は湧水による若干の流水も見られた」

小田原北条氏時代の小田原城は、天然の湧水による溜池が要害で、堀ができたのは寛永地震後に稲葉氏が近世城郭として整備した時で、早川上水から水を引いたのもこの時である（「小田原の城と緑を守る会」大木充由氏）と言われているが、確実な史料は見られない。ただ、近年の発掘調査によれば、それ以前の大久保忠世・忠隣時代に城の石垣化が進められ、三の丸が形成されていたことが判明してきた。因みに、本項冒頭の宗牧が泊まった氏康館「長老館」は、地形上三の丸の範囲に位置していたと推定し、城内からは後北条時代の井戸も数箇所発掘されている（『小田原市史別編城郭』）という。『明治小田原町誌』（片岡永左衛門著・P.44）は、「城の外壕等にも引用し」と記していることから、三の丸のできた時に外濠が作られ、早川上水から引水されたのであろう。現代のように内堀に引水したのは明治時代以降と考えられる。
現在の栄町から、昭和四十九年に木管（木樋）が出土し、『延絵図』（P.26・27）の現南町一帯には埋樋が描かれ、嘉永六年大地震の記録（P.31⑨）は、「埋樋掛樋七十七ヶ所内三十九ヶ所崩落」を記している。
『風土記』は板橋村の項で、田用水としても用いられたことから「小田原用水」とし、小田原宿に入ってからは「早川上水」と明確に言葉を使い分け、町中では飲料水として用いられていたことは間違いない。
「神田上水」については、「天正日記」が引用される。

「天正十八年（一五九〇）七月十二日　くもる。藤五郎まゐらる。江戸水道のことうけ玉はる」

この記述から堀越氏は、次のように述べている。

「徳川家康は、大久保藤五郎（主水）忠行を駿府に呼び出し、江戸の清浄な飲料水確保を命じ、江戸入府後三ヶ月で僅かな距離であるが小石川の地に水道を敷設した。これが、後の神田上水の基になったのである」

家康はこの時（天正十八年七月）小田原にいた（駿府は間違い）。七月五日が小田原落城、十日に家康が小田原城を検分している。この十二日は、城主北条氏直が高野山に追放された日である。翌十三日が秀吉の小田原城検分である。
家康に水道調査を命じられた大久保藤五郎（主水）忠行を、『徳川実記』は次のように記している。

「三河一向一揆の時（永禄六年（一五六三））、銃丸に当り歩行不自由になったため、在所に引き篭り菓子作りに励んでいた。（中略）このため、同家は代々菓子司を承った」

このような人物に江戸の水道を命じたとは考え難い。

伊藤好一氏は、著書『江戸上水道の歴史』で次のように述べている。

「神田上水の開設については、その開設年次と開設者について二説が伝えられている。年次については、徳川家康が関東に入国した天正十八年説と、徳川家光が将軍職にあった寛永年間説である」

同書を詳述する紙面の余裕はないが、年次は前者を否定し後者として、次のようにも記している。

「開設者は前者年次が大久保藤五郎忠行、後者が内田六次郎であるが、どちらとも現史料では断定し難い。家康が江戸に入国したとき、藤五郎に用水について意見を述べるよう命じたことは知れるが、三代将軍家光の代に堀割ったことは明らかである」

「小石川上水」について『国史大辞典』は、次のように記している。

「『参考落穂集』にこの名称（小石川上水）が見え、神田上水の開設者とされる大久保主水《もんと》（藤五郎）家の由緒書の一本『御用達町人由緒書』には「小石川水道」とある」

いずれにしても、家康の命を受けて敷設された小石川上水は僅かな距離で、家康江戸討入り後、僅か三ヶ月で完成しているという。こうした上水道について、『国史大辞典』と『明治以前日本土木史』を参考に、寛永期までに各地に敷設された水道・用水とその領主及び施工者を調査した。

名称	完成年代（西暦）	領主	施工者
①小田原早川上水	天文十四年（一五四五）以前	北条氏綱か？	
②小石川上水	天正十八年（一五九〇）	徳川家康◎	大久保忠行？
③甲府用水	文禄三年（一五九四）	浅野長政○	
④富山水道	慶長十年（一六〇五）	前田利長○	高山長保
⑤近江八幡水道	慶長十二年（一六〇七）	京極高次△	
⑥福井芝原上水※	慶長十二年（一六〇七）	結城秀康△	本多伊豆守富正
⑦駿府用水	慶長十四年（一六〇九）	徳川家康◎	彦坂九兵衛光政・畦柳壽學・友野宗善
⑧米沢御入水	慶長十九年（一六一四）	上杉景勝○	直江兼続
⑨赤穂水道	元和二年（一六一六）	池田政綱	垂水半左衛門（池田輝政家臣）
⑩鳥取水道	元和三年（一六一七）	池田光政	日置豊前
⑪中津水道	元和六年（一六二〇）	細川忠興◎	槇左馬（奉行職）・孫太夫（人工頭）
⑫仙台四谷堰用水	元和六年（一六二〇）	伊達政宗◎	川村孫兵衛重吉
⑬福山水道※	元和八年（一六二二）	水野勝成△	神屋治部

⑭佐　賀　水　道　元和　九年（一六二三）　鍋島勝茂△　成富兵庫助茂安
⑮神　田　上　水　寛永　時代（一六二四〜四三）　徳川家光　内田六次郎
⑯桑　名　御　用　水　寛永　三年（一六二六）　久松定行
⑰金沢辰巳用水　寛永　九年（一六三二）　前田利常　板屋兵四郎

領主欄の◎印は、小田原合戦に参陣し間違いなく「早川上水」を見て帰った武将である。

家康は、小田原開城直後に江戸の水道調査を命じ、②小石川の地に水道を敷設し、それが後の⑮神田上水の基となったことは既に述べた。その後、将軍職を秀忠に譲り駿府を隠居城とすることが決まると、代官に命じて⑦駿府用水も完成させている。江戸入府と同時に家康が水道に関心を示したのは、小田原開城直後に見た「早川上水」が、町づくり上、強烈に印象づけられたのであろう。

○印は、合戦には参加したが北条方支城を攻めた別動隊で、小田原に来たかどうかは判明しない。

△印は、断定できないが、主従関係等から小田原参陣と思われる。⑬福山水道は、道の中央の水路（※印）や、浄水池（蓮池）を設ける等「早川上水」に酷似している。

無印（不参加）の⑨赤穂水道の池田政綱は、合戦時は生まれていないが、姫路城主の池田輝政（小田原参陣）の五男で、実母が輝政の継室となった五代北条氏直夫人の徳姫（家康の娘）である。赤穂は家康からの化粧料と言われ、水道敷設に携わった垂水半左衛門は、池田輝政家臣とある。同様に、⑩鳥取水道の池田光政も輝政長男利隆の子である。両者ともに町作りの際、「早川上水」の話を聞き、参考にしたことは容易に推察できる。

小田原北条氏が、道の中央に早川上水を敷設したのは、両側の住民に公平に水路を利用させるためで、こうしたことからも、堀に引水するのが主目的ではなかったと言える。その後、寛永期までに敷設された上水道は、先に示したように一六を数える。これらは、近世城下町の成立期に設けられ、殆どが町から離れた河川・池沼から引いているという（『日本史大辞典』）。

この事実は、小田原合戦に集結していた各大名が、早川上水を競って参考にしたからと推察できよう。四月前後から七月まで小田原を包囲していた各大名は、梅雨期を迎えて一日も早い終戦を願っていたであろう。小田原城攻防戦唯一とも言える篠（山王）曲輪攻めは、六月二十二日、大雨に乗じた夜襲であった。このようにして、ようやく開城した小田原の町へ家康軍が江戸口から、秀吉軍が板橋口から入った。攻城軍は、籠城の悲惨さが見られず、普段と変わらない町の様子を目にしたと言われている。その一因が、町中の大路の真中を流れる小川にあったことは、一目瞭然であったに違いない。

日本の水道発祥の原点である。

秀吉が、京都に「御土居」を出現させたのも、小田原城総構に倣ったものであることは広く知られている。

3　早川上水の仕組み

元和五年（一六一九）、備後に移封された水野勝成は、福山に築城した際、城下に水道を敷設した（元和八年完成）。その福山水道が、「早川上水」に酷似しているので、概略を記してみよう。

勝成の命を受けて水道敷設に当たったのは家臣の神谷治部で、水源を城北本庄村高崎の地に芦田川の清流を引き、一条の溝渠約一〇町を開削して城西の貯水池に導き、これを蓮池と呼んだ。ここは水量の調節と塵埃などの不純物を沈澱させる浄水池の役目もしていた。水源から蓮池までは田圃の間を掘削した開渠であった。蓮池に貯溜した清水は樋門を潜り、暗渠内を流れて市内に入り、町の角々で分岐・環流していた。

これらの暗渠は、当初は街路の中心に開渠とした掘割で、城下の幹線道路の中央を溝川のような形で流れ、これを自由に汲み取らせていた。後に、往来の通行や商売の邪魔にもなり、町方の負担で各戸ごとにその間口前の溝川や堀溜に石の蓋をかぶせたという(『日本の上水』より)。

この福山水道を敷設した水野勝成は、『寛政重修諸家譜』によると、家康の家臣であったが故あって天正十三年から秀吉に仕え、文禄・慶長の役(朝鮮征伐)後、肥後国に留まり佐々成政等に仕えた。その後、関ヶ原で東軍に属したことから再度家康に仕え、大和郡山を経て備後国十万石を賜り、深津郡常興寺山に城を築くとともに水道を敷設した城下町をつくり、地名を福山と改めた。彼は、小田原合戦時は太閤秀吉麾下に属しており、西方石垣山方面に陣していたと思われる。

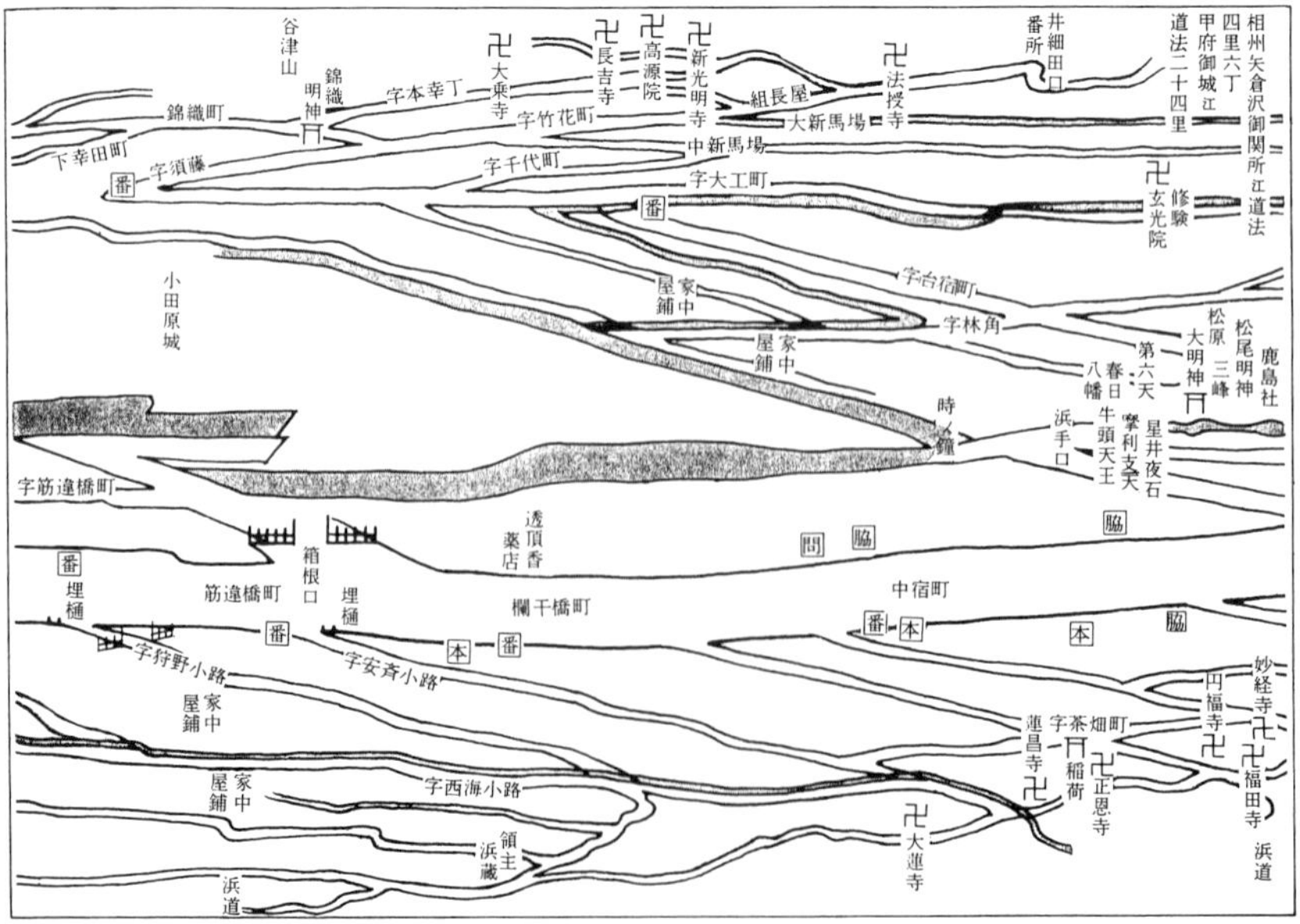

東海道分間延絵図解説図　小田原宿(東京美術・刊)

『風土記』には、板橋村の項で溜井（蓮池）が設けられ、「非常に備ふ」と記している。これは江戸口の蓮池同様、たまたま総構に隣接していたことから、そのように解釈されたのであろう。総構は、天正十七年（一五八九）に秀吉の来攻に備えて築造されたもので、両蓮池ともにそれ以前にあったと推定され、板橋口蓮池は福山水道同様、浄水池として設けられていたのであろう。

東海道から各小路への分水は、文化四年（一八〇七）『延絵図』には東海道の南側、大久寺・御厩《おうまや》・天神・諸白・狩野殿・安斉各小路の入口六箇所に埋樋が記され、天神小路から蓮昌寺までの分水路が鮮明に読み取れる。

天保十四年（一八四三）の史料とされる「東海道宿村大概帳」も、小田原宿の項で、次のように水道の長さと内《うち》法寸法を記している。

「小田原宿并間之村と往還通道・橋・樋類・川除等

御普請所　自普請所

一、高札場　高壱丈五尺余　長三間壱尺八寸　横壱間四寸

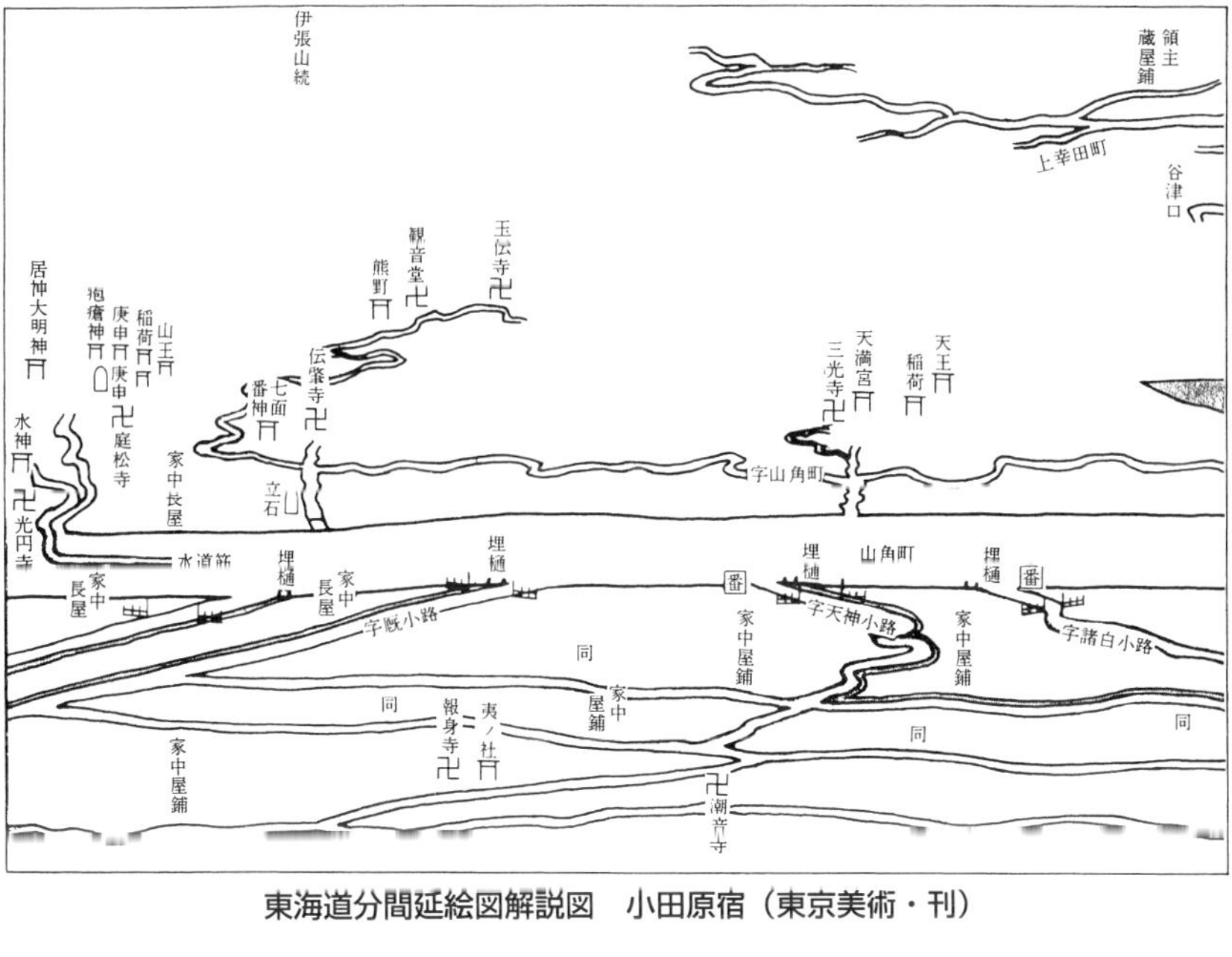

東海道分間延絵図解説図　小田原宿（東京美術・刊）

字大久寺
一、水　道　長弐間弐尺　内法四寸四方
字厩小路
一、同　　　長弐間三尺　内法八寸四方
字天神小路
一、同　　　長弐間五尺　内法四寸四方
字諸白小路
一、同　　　長弐間弐尺　内法四寸四方
字狩野小路
一、同　　　長弐間弐尺　内法四寸四方
字安斎小路
一、水　道　長弐間弐尺　内法四寸四方
　右七ヶ所領主普請仕来、

「内法四寸四方」とあるから箱樋であろう。

現栄町一丁目からは、昭和四十九年に木管（木樋）が出土しており、東海道沿いに限らず水道が敷設されていたことも知れる。宮前町（現本町）の呉服店主山田彰夫氏は、次のように話している。

「近くでも埋樋が出土しており、郷土資料館に展示してある木樋（丸木に溝を付けたもの）ではなく、四角に組んだ箱樋であった。この箱樋から引水して各戸に井戸が設けられていたが、循環水路ではないため井戸の水量は東海道の本水路水位と同じであった」

文政四年（一八二一）七月、清水式部卿の奥方になる伏見貞敬親王姫君教宮のお迎えとして、奥女中に従った某女の「辛巳《しんし》（かのとみ）上京農記」（片岡家文書）に、次の記述がある。

「小田原駅　御本陣　久保田才助　（中略）
駅のうち路のなかに小川を通して、石にて覆ひたり。酒匂川あたりにて見し清流ハ、此末なるへし」

早川上水は、道の中央を流れ石蓋が被せられていたことが知れるが、その仕組みを知る明確な史料は見られない。そこで、こうした文書に記された早川上水に関する記述を集めると、大凡《おおよそ》の仕組みが見えてくる。

①小田原陣図（絵図）　天正十八年（一五九〇）以降の作成
水道　小田原町中へ取用水
②根府川石密売取調報告　承応三年（一六五四）七月八日
一小田原御家中町方共ニ、とひ石・水道石・仏石に御取候ニ断被成候衆も御座候
③稲葉家永代日記　承応三年（一六五四）十一月十四日　稲葉正則家臣
一宇佐美久左衛門義、早川より二之御丸江水取候積り可仕旨先日被仰付、絵図出来、今日被成御覧候事、
④足柄下郡板橋村明細帳　寛文十二年（一六七二）七月

一板橋村先年者大久保村と申候、大久保七郎右衛門様此所ヲ御取被成、板橋村と罷成候、其節当村之内小田原用水川ニ板橋御座候ニ付、其板をかた取、板橋村と御付被成候

一呑水者　川水用ひ申候

一井堰三口　（前略）一口者小田原用水残水取申候、（後略）

一小田原用水口水門之戸立引、寛文十一年亥七月より当村江被仰付候、村内ニ而立引仕候もの村継役免置申候

一同川（大川）小田原用水口之橋壱ヶ所［川之内弐間、巾三尺］

右之橋木大水ニ而流、又ハ朽り折申候得者、石垣御林ニ而被下候

⑤小田原町明細書上　貞享三年（一六八六）四月

一用水水門之番請、同川堰人足罷出候事

一山角町光円寺前より御小屋中前用水水送人足惣町中より仕候、同小屋之前水溜井戸惣町より罷出候事

一筋違橋蘭干橋町境之辻用水・下水之大樋御普請御作事方より被遊候、人足惣町より罷出候事

一用水辺之普請御作事方より被遊候、人足者惣町より罷出候事

⑥元禄大地震領内被害書留　元禄十六年（一七〇三）十一月

一小田原宿往還町中水道崩入埋申候ニ付、其上ヲ巾八九尺程川之如くニ町中ヲ水流候

⑦祐之地震道記　元禄十六年（一七〇三）

駅中海（街）道の中は水道也。其水道裂破て、足を立るにさたかならす。焼亡の折節、水道の上は水路溢て下は水不通。火を消滅するに、便を失へりとそ

⑧小田原本町五人組帳条目　文政七年（一八二四）六月

一（前略）家々の前水道損るにおゐて八早速可繕之、（後略）

⑨相州小田原大地震之記　嘉永六年（一八五三）

一水道崩六百十五間半

一水道堰路石垣崩三百十五間

一水門并埋樋掛樋七十七ヶ所内三十九ヶ所崩落、（後略）

⑩文久図（絵図）　文久年間（一八六一〜六三）

小田原江之水道入口

①は、『小田原市史別編城郭』に収載された絵図にある記述である。小田原合戦の布陣を西方石橋山方面から描いたもので、作成年は判明していないが、早川上水を「水道・小田原町中へ取用水」と記しており、江戸期に入ってからの作成と考えられる。早川上水が、小田原合戦時には敷設されていたことが裏付けられる貴重な史料である。

②は、前図①の作成年不詳のため、小田原での「水道」の初見となる。江戸八丁堀で根府川石が売られているのが発見され、この日から十八日まで七件の根府川石密売に関する調査報告の内の一つである。

万治四年（一六六一）の『東海道名所記』（浅井了意著）は、次のように記している。

「名物には小田原石、水道のために江戸に出し、あきなふ」

貞享三年（一六八六）の御引渡記録も、「石出候所々之事」として、「一、相州風祭村　水道石」を記している。

この時代、紀行文等で小田原石を名物と記していることが散見される。それは水道のためであるという。神田上水が、寛永期（一六二四～四三）に開かれたことから、水道石として小田原石の需要が高まっていたのであろう。当時、名物とまで言われる程、小田原の石切りが盛んであったことが知れるが、北条氏から仕えていた石屋（青木）善左衛門が家康に見い出され、江戸築城に携わったことも関連するのであろう。

③は、稲葉正則が、早川（上水）より小田原城二ノ丸への水道引き込みを命じている。

④は板橋村の村鑑である。「小田原用水」の初見で「呑水は川水を用いる」とある。こうした記述は、他村の明細帳（P.18）にも見られ、当時の飲料水の実状が窺える。また、水門の取扱いを寛文十一年より同村に命じられたことが知れ、用水川に架かる橋から板橋の村名が起こったとあることからも、江戸時代以前に水路が敷設されていたことが判明する。

⑤は、用水の保守や作事に人足を動員していることが知れる。

⑥元禄大地震で水道が破損し、町中に水が溢れた様子を伝えている。

⑦前文書同様地震による火事の消防に、水道が破損して役立たない様子、また、東海道の中に敷設されていたことも知れる。

⑧本町の水道修繕を記している。

⑨嘉永大地震の水道被害が知れる。

⑩は、文久期の絵図であるが、板橋口光円寺で水道の分岐が明確に読みとれる。

以上、元禄時代以降は小田原宿内に「水道」の言葉が浸透し、その言葉遣いは現代と全く変わらない。そして、水道の維持管理が領主の指示でなされていたことが判明する。

次に、安政四年（一八五七）「本町の御用留（片岡家文書）」に、断片的ではあるが早川上水に関する記述がある。

⑪正月十八日泊　尾張中納言様御下
一竹木ハ往還之妨ニ相成候場所江者建置申間敷候且水道之上穴明キ候所ハ丈夫（ニ）繕可申候惣而地形悪
敷所ハ繕可申候（後略）
右之通町中可相触候以上
⑫殿様来ル十一日被為進御帰城候ニ付町中火之元別而入念御着城當日朝より惣町中自身番差出し夜中入念可
申候
一町中水道之上穴明候所々其外地形悪敷所者無油断繕可申付候（後略）
右之趣町中家持店借末々之者まて急度可申付候
⑬覚
以手紙申達候然者去ル十八日之大雨ニ而其町之水道上并道筋破損所数多有之候ニ付早々取繕可被申候
閏五月廿二日　富田久太郎
山（山角町）より新（新宿町）迄
⑭明廿六日御直通　御茶壷弐ツ
一通町車引セ不申水道之上穴明候所者壱町切ニ致吟味入念繕惣而地形悪敷所者繕可申候（後略）
右之通町中不洩様可相触候以上
⑮乍恐以書付奉願上候御事
一水道樋蓋壱枚
右者町内岩次郎家前ニ有之候樋蓋朽損し申候ニ付仕替被下置候様奉願上候何卒以御慈悲右奉願上候通被仰
付被下置候ハヽ難有仕合ニ奉存候以上

安政四丁巳年六月
本町組頭　助七
半左衛門
名主　永左衛門
御屋敷方
御奉行所様

⒃乍恐以書付奉願上候御事
一表井戸壱ヶ所　七右衛門
右者ケ輪化粧ケ輪樋竹とも仕替申度奉願上候
一内井戸壱ヶ所　金八
右者表之方樋竹打損し申候付仕替申度奉願上候
一内井戸壱ヶ所　太助
右者化粧ヶ輪斗仕替申度奉願上候
一内井戸壱ヶ所　直右衛門
右者化粧ヶ輪斗打損し申候付仕替申度奉願上候
右之者共銘々奉願上候趣吟味仕候処相違無御座候何卒以御慈悲右奉願上候通被仰付被下置候ハヽ難在仕合
奉存候以上

⒄乍恐以書付奉願上候御事
一表井戸壱ヶ所
右者町内七右衛門家前ニ在来西之方へ在之候処此度東之方江場所被仰付被下置候様奉願上候何卒以御慈悲
右奉願上候通被仰付被下置候ハヽ難在仕合奉存候以上

安政四丁巳年六月　　本町与頭　助七

同　半左衛門

御屋敷方　　名主　永左衛門

御奉行所様

但右場所替之儀前以内意申立御聞済之上右願書別段差出し申候町方へ写書者差出不申候

⑱請　差上申一札之事

各様方水道浚為御見廻被成御出役候処前々被御出候通聊之品たり共御音物差上不申尤茶煙草之火之外御馳走ヶ間敷儀一切不仕候事

但御組御長屋へも御音物等決而差上不申候

右之通相違無御座候以上

己六月十日　　本町組頭　助　七

半左衛門

名主　永左衛門

長谷川小兵衛様

井上　國之助様

金澤　源七郎様

小川和右衛門様

⑲達書

以配府申達候然者水道掛り町之内井戸朽損用水吹出し中ニ者別々水溜抔も有之哉と相聞不埒之事ニ候水末ニ至り自然用水不足ニ相成難渋致候ニ付以来右様心得違之もの無之様致度可被申付候尤御府内廻り候間前

件之通り若心得違於有之者在来之井戸たりとも難為差置候間其旨小前末々迄厚申論後悔不致様可被申付置候此段申達候以上

七月　富田久太郎印

林宗左衛門

惣町中

⑳触

一亜墨利加使節　ワトムトハリイス

御差添　官名　コンシロン

下田奉行支配御組頭　外壱人キウスケン

一水道之穴明キ候処者取繕可申候

⑪は、尾張中納言が江戸下向の際、水道の穴明き修理を命じている。同様のことが、⑫殿様帰城の時、⑭御茶壷通行の際、⑳アメリカ使節ハリス通行の際にも見られる。

⑬は、大雨による水道破損箇所の修理である。山角町から新宿までとあり、現東海道の新宿にも水道が敷設されていたことが知れる。

⑮水道の樋蓋が朽損したための修繕願である。宛名に「御屋敷方御奉行様」とあり、⑯（割愛した）⑰にも同様に記しており、水道の管理は「屋敷方奉行」の管轄下にあったことが知れる。

⑯井戸とは溜井のことで、「化粧ヶ輪」とは「化粧側」であろうか。転落防止のため井戸の地上部分に設けられたもので、専門用語でいう結桶・結筒のことと思われ円形と四角があった。その取替や修繕の願書であ

る。表井戸は屋敷内に設けられたもの、内井戸は家の中と推定される。

⑰が、その表井戸の場所替願書である。

⑱水道見廻り役人への進物の禁止と、井戸の破損修繕や増設等、保守管理の徹底に対する請書である。「水道浚」とあり、これが年中行事として実施されていたことが後述の史料（P.95）から知れる。

⑲は、漏水の際の達書である。朽ち損による水漏れは「不埒《ふらち》之事」と戒めている。

以上、詳細な経緯と仕組みは解り得ないが、北条氏の頃は東海道の真中の清流を両側から汲み取り、飲料水としていたのであろう。数間置きに深く掘り下げた所から汲み取り、旱魃の時もそうした箇所に水が溜まるようにしていたことが推定される。道の中央に通したことは、両側から公平に使用させることが目的であり、住民のために設けたことの立証とも言える。城濠に導くのが目的ならば、他所に水路を設けて良い筈。

また、この本管にあたる早川上水から、各小路に分水路を埋樋で導き、各戸に溜井戸が設けられた。その維持管理は、領主（屋敷方奉行）の厳しい管轄下にあったことが知れる。

この分水路（埋樋）が、何時頃設けられたかは断定できないが、三島市から駿東郡清水町を流れる「千貫樋」が三代氏康によって敷設された（P.141）と考えられていることから、既に北条氏にそうした技術があったものと考えられる。その後、稲葉氏によって、二の丸や三の丸の侍屋敷に分水路（水道）が延長されたこ

三島市から清水町を流れる千貫樋

とは史料で判明する。いずれにしても、北条氏の優れた事績が、小田原合戦で全国の大名に知れ渡り、水道発祥の原点となったことは間違いない。

小田原市は「小田原用水」（広報「小田原」平成十一年二月）を復元するという。これは「早川上水」とすべきではないかと市へ再々提言したところ、『風土記』のみの記述では「早川上水」とは言えないという。

歴史学上の議論は専門家に委ねるとして、一市民である私は、復元する「せせらぎ」を「早川上水」と呼び、「日本で最初の水道」であることを全国に知らしめたいのである。現存する史料では、元禄時代以降は殆ど「水道」と記しており、『風土記』の「早川上水」以降固有名詞は見られず、明治二十一年（一八七八）、片岡永左衛門は「小田原宿水道」（『明治小田原町誌』）と記している。即ち、同年十二月二十日の項である。

「分水事件落着に付板橋と交換文書案を決議す。分水事件は藩政当時早川の流水を板橋村字御塔下より引水し小田原宿水道及城の外濠等に引用し、水路掛の足軽は常に巡視し、漏水又は水路の妨害を取締り干魃と雖も飲用水に欠乏を生する事なし。（後略）」

小田原の近代水道建設運動はこの頃から始まり、昭和十一年に完成するが、同年刊行の『明治以前日本土木史』は、表題を「小田原水道（早川上水）」とし、本文では「早川上水」と述べている。郷土史家中野敬次郎は『近代小田原百年史』で、「小田原古用水」・「小田原水道」と使い分けている。ご年齢から「小田原水道」と呼ばれていたことをご存知だったのであろう。従って、「小田原用水→早川上水→小田原水道」と呼称変化してきたのであり、幕末から明治時代以降は、「小田原用水」・「早川上水」ともに、死語化していたものと思われる。上水・水道の言葉が生まれてからは、用水＝水道ではなく、上水＝水道である。「小田原用水」

では、復元した宮前町は観光客に、「この辺は水田であったのか?」と思われかねない。
既に、『神奈川県営水道六十年史』や『日本の上水』・『井戸と水道の話』は、日本最古の水道として「小田原早川上水」を認めている。今さら、当市自らが「小田原用水」という最も古い言葉を用いれば、「水道の原点」を後退させかねないことになりはしないだろうか。
「せせらぎ」復活の際は、単なる町中の水路ではなく、「早川上水」として水道発祥の原点であったこと、当初は開渠であった小川が東海道の中央を流れ、江戸時代に暗渠になったであろうことを明確に記し、市民の誇りとして後世に伝えることを念願している。(二〇〇一年十一月、記)
以上が、「小田原用水は、わが国で最初の公共用水道だったのではないか」と、いう曖昧な表現の『広報』を見て、私が調べた「早川上水(小田原用水)」である。

(閑話休題) 神田上水の検証

先に記した堀越正雄著『日本の上水』は、第四章「地方都市の旧水道」で、「一、小田原早川上水(神奈川県)」と題し、「わが国最古の水道」として最初に取り上げているが、起源の疑義と灌漑兼用として日本最初の水道から除外する論調である。そして、「上水史年表」を作成し、次のように記している。

「地方都市における水道は元来灌漑用と兼用で発達してきたものが多い。小田原水道(早川上水)もその例を免れない。この水道は早川から引水して小田原城下一帯に給水した日本最古の水道と推定されてはいるが、竣工に関する確たる記録資料は今のところ見出せない。『明治以前日本土木史』の編者も、「施工者及び施工の時期等一切詳ならず」と記している」

上水史年表

天文一四（一五四五）	小田原早川上水（神奈川県）の施工起源については諸説があるが、北条氏康の時代（天文一四年頃）すでに早川から相当の量の水が小田原城内氏康の館まで届いていたと思われる。城内一円を潤していたかどうかは明らかでない。つまりこの当時のは、上水といっても、主目的は、小田原城を守るために水濠を引いたもので、その一部を城下町で使い余水は灌漑用にも供した一般の住民に上水供給を目的として作られたものではない。万治二年（一六五九）、時の城主稲葉正則が江戸水道にならって改修を施した。
天正一八（一五九〇）	徳川家康は大久保藤五郎忠行をして、江戸の地に清良な飲料水を供給するため、上水事業の調査を命じた。この調査に基づき開削したのが小石川の上水で、後の神田上水（東京都）のもととなったものである。一般住民のために飲料専用の公共給水を目的として作られた水道は、この神田上水がわが国で最古のものである。最初は、手近な所の水源で極めて小規模な水道だったが、必要に迫られて次第に拡張し、全工事が竣工したのは三代将軍家光の寛永年間（一六二四～四四）のことと言われている。（後略）

一方、神田上水については、先に示した「天正日記」（P.21）が貴重な史料となる。

天正十八年（一五九〇）七月十二日の、小田原城での家康から藤五郎への命令（P.21）の後、

「天正十八年十月四日、くもる。（中略）小石川水はきよろしくなり申、藤五郎の引水もよほどかかる」

更に、『日本の上水』では、次のようにも述べている。

「藤五郎は命を受けて小石川の上水を見立ててその水を江戸の市街に通じた。この時の上水がどの地点からどのように通じたかは、具体的なことは伝わっていない。小石川に水源を求め、目白台下の流れを利用して、神田方面にまで僅か三ヶ月ほどの間の最初はごく小規模なものであった。その後、必要に迫られて逐次拡張し、後の神田上水にまで発展したものと思われる。（中略）後の神田上水は、井の頭池から発した水に途中永福寺池の下流、善福寺川、玉川上水の分水、井草川などの水を入れ、小石川の関口に至っている。安永六年（一七七七）神田上水水元役茂十郎の書上によれば、井の頭の水を引いたのは、茂十郎の先祖武州玉川辺の百姓内田六次郎という者の言を用いたものであると言われており、大久保忠行の子孫がまとめた『神田上水道略記』には、「水元見立ノタメ百姓内田六次郎ナル者ノ案内ニテ水量豊富ナル今ノ井ノ頭池（東京府下）ヲ探査シ」と記している」

序文冒頭にも記した藤岡通夫博士は、著書『城と城下町』で次のように記している。

「天正十八年といえば徳川家康が江戸に入城して、城下町の建設を始めた年である。何分にも葦原の何もない土地を選んだのだから、当初から飲用水には困ったようで、神田明神の下を流れる神田川の水や赤坂溜池の水を城下に引いたことは当時の記録が伝えている。しかし、急激に増加した江戸の人口に対してこれでは不足なので、井の頭池を水源とする神田上水が作られたが、建設された年代は明らかではない」

『国史大辞典』や『日本史大辞典』の「上水」等の執筆者である伊藤好一は、『江戸上水道の歴史』で、P.22に記したように、「神田上水は寛永期に掘られたことは明らかである」としている。

にも関わらず、『土木史』及び『日本の上水』は、神田上水を天正十八年とし、小石川上水は記していない。『国史大辞典』は小石川上水と神田上水を別記している。神田上水も井ノ頭池を水源としており、神田に流れ着くまでは灌漑兼用となっていたことは、「早川上水」始め、他の「水道」とも何ら変わらないのである。当時の上水・水道が純粋に飲用のみに使われたことなど考え難い。本来の目的が飲用であったとしても他用されることは現代も同じである。施工起源と施工者等についても、明確でない点も大同小異である。後述するが、日本水道協会発行の『日本水道史』は、「飲用云々」・「灌漑兼用」等の分類はしていない。

いずれにしても、神田上水は大久保忠行が家康からその功として「主水《もんど》」の名を与えられ、水は濁りを嫌うから「もんと」と澄んで呼ぶよう言われたという逸話まで生まれ、余りに有名である。しかし、日本で最初の飲用を主とした水道を「神田上水」として、恰も「日本最初の水道」であるかのように論じているのは、堀越正雄著『日本の上水』と『井戸と水道の話』のみである。

著名な樋口清之・藤岡道夫両博士の認める「小田原早川上水」を、当市からも全国に発信したいと願うのは、こうしたことを知れば、小田原全市民が共通の思いを持たれると信じている。

第二章　明治時代以降の「早川上水」

明治維新を機に、近代化する変革の波に翻弄される小田原で、町政に携わりつつ江戸時代の小田原と当時の実態を、郷土史として記録することにも尽力した片岡永左衛門は、『明治小田原町誌』（以下、『町誌』と略す）等を残した。明治時代の小田原の変貌を的確に記し、「小田原宿水道」と呼ばれた「早川上水」が近代水道に生まれ変わる様子も読み取れる。『町誌』を中心にその経緯を俯瞰してみる。

1　『明治小田原町誌』にみる小田原宿水道

明治　五年　六月　例年の通り水道浚渫をなす。従来水道蓋板は領主役所より差出されしを、本年より各自家前は自費とし、各小路に通する箱桶等は町費より支出することになれり。

明治十二年　三月　緑町壱町目須藤町より自費を以て水道延長八百拾四間布設《ママ》の請願許可し工事落成す。

明治十八年十二月　幸町壱町目より緑町壱町目に至る水道分水口工事落成し、幸町壱丁日、緑町壱丁目両町委員より届出せり。左に其届書を掲く。（「分水口変更御届」割愛）

明治二十一年八月　渇水事件処理のため水利常務委員を置き加藤定通、高橋茂興、今井廣之助、石井柳兵衛、小牧克房、板倉量三、植田又兵衛の七名当選す。

同年　十二月　分水事件落着に付板橋と交換文書案を決議す。分水事件は藩政当時早川の流水を板橋村字御塔坂下より引水し小田原宿水道及城の外壕等にも引用し、水路掛の足軽は常に巡視し、漏水又は水路の防害《ママ》を取締り旱魃と雖も飲用水に欠乏を生する事なし。余水を以て田地に潅漑もし来りしに、維新以来は旧慣を破り板橋に新田を開墾し、水車も又増設し潜引水の量を増加し小田原に引用の水量を減せしも未た甚しからさりしに、本年は春来河水減少し晩春より降雨少なく田地は旱害に至らんとせしにより土石を以て水路を塞き其他種々の防害《ママ》を為したれは、市内の水道は乾燥し飲用に困難するより六月廿三日今井廣之助、植田又兵衛等は各町有志者を会し協議の結果、事務所を松原神社に置き各町より撰出の委員は昼夜詰切市内の漏水を取締り水路の防害《ママ》を除去し郡長又は警察署長に具伸し飲用の満足を与えられん事を乞ひ、屡々板橋及ひ郡衙《ぐんが》とも尖突し七月廿一日に至り左の伺書を提出せり。（「飲用水路堰場之義ニ付伺」割愛）

明治二十二年二月　飲用水路改良工事及配水整理の為め臨時委員を選挙し今井廣之助、植田又兵衛、高橋茂與の三名当選す。

同年　六月　工事中なりし大窪村板橋飲用水分水口落成す。

同年　七月　町長より各町水路委員に左の謝状を贈与したり。（「謝状」割愛）

明治五年（一八七二）、「水道浚え」の行事に際し、これまでと異なり水道の蓋板や箱桶等の費用は、自費や町費で賄うことになる。同十二年（一八七九）、竹花・須藤両町には届いていなかった「早川上水」（P.16『風土記』［但、須藤・竹花の二町のみ、水至らざるを以て堀井あり」）を、自費で緑町まで延長したことが知れる。

そして、同十八年（一八八五）には幸町から緑町への分水口も完成する。

同二十一年（一八八八）の分水事件での伺書は、「飲用水路堰場之義ニ付伺」と題し、小田原幸町外四ヶ町戸長石原重固から足柄下郡長中村舜次郎宛提出された。これを受けた郡長は、板橋との水量の分配は郡衙及び警察署長に委任したとして明言を避けた。そこで、小田原駅側は「飲用水之義ニ付願」を、「当小田原駅ノ儀ハ古来早川流水ヲ板橋地内ヨリ引来リ飲料ニ供シ云々」とした書き出しで、小田原駅水道委員高橋茂興・今井廣之助・植田又兵衛以下三十七名が県知事に請願し、郡長の不信任を決議したことから容易ならざる事態となった。県知事は、富水村戸長と芦子村戸長に調停を依頼し和解することになる。その交換文書は、「小田原幸町外四ヶ町臨時聯合町会決議書」と「第壱条配水及構造法之事」として、水門下の適当な場所に分水口を創設し、小田原駅がその五分五厘を板橋村が四分五厘を使用すると定めている。

それにしても、松原神社に事務所を設け、昼夜詰切りで水路（早川上水）を護ったとは、まさに当時の小田原町民にとっては「生命《いのち》の水」であったに違いない。こうしたことから、翌年六月、分水口が落成し各水路委員は町長より感謝状を贈られている。

分水事件当時の毎日新聞記事を次に記しておく。

○毎日新聞　明治二十一年七月二十日付　小田原駅飲用水の紛議

相州小田原駅飲用水は粗末なる水道を設け、函根山中の谷間より引用し来るものなるが、同駅隣村板橋地内田用水に欠乏を告け、為めに水道の中途に堰を設け決水を為したるゆへ、同駅東部八ヶ町の如きは水道に一滴の飲用水も之れなく、堀井水まで已に飲み尽し詮術なきより、板橋村へ決水の不当を照会せしに、同村にては彼是異議を述べ更に確答せず、已に大騒ぎに至らんとせしかば、戸長及人民総代を警察署へ召集《ママ》し、郡長代理郡書記立会の上夫々説諭を加へ、野田警察署長を始め郡書記及び関係人等水上へ出張し、昼夜間断なく現状水量を実検し、分水に尽力中なり、又小田原駅にては去る十七日臨時町会議を開きて此事を議するなど、中々の騒ぎなりと云ふ

○毎日新聞　明治二十一年七月二十七日付　小田原駅の水論

相州小田原駅は其の昔し埋立てたる土地なりとかにて、五六尺掘下ぐる時は真菰の腐敗したるものありて、為めに井水赤色を帯び、且つ一種の臭気ありて飲用に適せず、適（遇）ま飲用に適するものあるも、其数屈指に過ぎざるより、遠く水道を引き来りて日用の飲料其他に供し居ることなるに、近来の旱魃にて水量大に減じ、同じ水道の配水を仰ぎ居る板橋村が多分の水量を引き去るより、駅中一滴の水なきに苦しむことも屡々ありとて、去る五日より郡役所警察署に配水の儀を嘆願するも、其の願意と官吏の意見と相ひ合はざるより彼是混雑を生じ、酷暑の候斯く水切れにては、衣帯の汚れたるも之を洗濯すること叶はず、一朝悪疫の侵入に逢はゞ其の蔓延必然なり、又一とたび火を失せば消防に供すべき水なく、空しく手を拱して家屋財産を烏有に帰せしめざるべからず、此上は一日も猶予なりがたしと、去る十九日には駅民四百名氏神の社に集り、其の挙動何となく不穏に見へけれは、警官は直ちに出張して解散を命じたれども、駅民は人生一日も欠き難き水の事なればとて、一昨日今井、石井、高橋の三氏を委員とし、同駅と板橋との配水上に関し郡長警察署長等の意見の異なる点は勿論、是までの顛末を具して神奈川県知事の裁定を仰ぎたるよし、今駅民が官吏と意見を異にする点を聞くに、駅民の情願は行政の権外なりとて、警官郡吏は願意の全部を棄却したれ共、駅民の専用に属する水路を一箇村民、即ち板橋村人民田用の為め駅民へ断なく堰止むることを聴許したるハ行政権の実行にハあらざるか（第一）、自侭に水路に投入したる妨害石の取除を許さずと主張したるハ、請願事

件に対し行政上許諾の権ある自認を自証したる者にハあらざるか（第二）、前項の妨害石を動かすを許さずと主張するハ共有物（仮りに共有物と見て）取扱ひ処分法に適当せる者なるか（第三）、小田原飲用水は口に飲むのみに限らず、洗除用及び防火用等に至るまで含蓄し居るものなりと云へる駅民の信用ハ果して妄信なるか（第四）、小田原飲用水ハ主にして、田用ハ次なる事ハ旧記に徴し明白なり、然るに田用ハ余裕ありて且つ水車営業を為し居ること毫も平時に異ならず、之れに反して主たる飲用水路に設けある水車ハ渇水の為め悉く営業を廃止し、口のみに飲む水さへなき旧町七八ヶ町の多きに至れる場合に際し、尚ほ且つ保護の道なしと云ふハ、他の施政に比較に対しては警官郡吏の方に於ても定めて主張する理由あることならんが、其ハ未だ聞き得ざれバ、今ハ人民の意見のみを掲げ置き、他ハ再報を待ちて記るす所あるべし。

明治二十三年三月　土木衛生の常務委員を選挙し高橋茂興、今井廣之助、植田又兵衛当選す。

同年　七月　町村制第拾条に依り飲用水使用規則の許可を受く。左に其全文を掲く。（「小田原町水道規則」割愛）

同年　九月　虎列刺《これら》病蔓延に就き予防委員拾名を選挙す。虎列刺患者は発生以来日を追て甚しく、市内の商家は殆と休業の姿となり、昼間は水道を断水し飲用せしめす。役場楼上を防疫事務所とし十字町、萬年町に別に出張所を設け委員は昼夜市内を巡視し、各字の衛生委員を督励し、鋭意予防に従事し、遂に九月二拾七日に伝染病院を閉鎖し、人心安堵に至りしも、患者百五拾五人を出し死亡は百弐拾四人に及ひたり。

明治二十四年九月　当町に水道布設を議決し、設計の為め県技師の派出を誓願す。

同年　十一月　竹の花物代人より水道新設に付き、水路沼溜増加の追願をなし許可す。左に追伸書を掲

明治二十六年七月　石川長三郎、高瀬與助より当水道改良は最も急務なるも工費巨額にして容易ならされば、
く。（「追伸書」割愛）

明治二十八年九月　共用掘抜井戸設置を奨励せられん事を建議せらる。
四日、水道改良調査委員を選挙し植田又兵衛、片岡永左衛門当選す。
十日、虎列刺病発生し八月十五日伝染病院を開院し本日閉院す。患者の総計百参拾八人にして、死亡する者八拾八人の多きに至れり。

明治二十九年一月　水道調査委員植田又兵衛、片岡永左衛門より調査を報告す。左に技師の報告書を掲く。
（「小田原水道改良工事再調査報告書」割愛）

明治三十年　五月　大窪村板橋より十字町光円寺前に至る水路改良工事監督委員を選挙し植田又兵衛、高橋永就、今井廣之助当選す。

明治三十二年七月　大窪村板橋と明治二十八年の契約に基き十字町光円寺脇水道六拾五間五分を改造す。

明治二十三年（一八九〇）には、コレラが大流行して一二四人が死亡。その原因は「早川上水」にあるとして断水されても弁解の余地はなかったのであろう。

翌二十四年（一八九一）九月、小田原の近代水道敷設が町会で議決されている。

しかし、議決はされても工費の問題等で、工事着工の目途は一向に具体化されることなく、同二十六年（一八九三）には掘り抜き井戸設置の奨励が建議される。コレラ・赤痢等の流行で自衛手段として掘り抜き井戸の需要は高まり、井戸掘り技術も進歩を遂げ、各戸で井戸が急速に設置され始める。

同二十八年（一八九五）、再びコレラが流行し、八八人が死亡している。しかし、掘り抜き井戸の設置により、

近代水道敷設の必要性は認識しつつも工事の具体化は後退して行った。

明治三十六年六月　（前略）当町は上水、下水共に不完全にして改良を希望し、上水の如きは再三設計したる工費の多額なるに止むを得す中止せしに、近来は器械の進歩し、掘井戸は勿論掘抜き井戸次第に増加し、随って良水を得るも、下水路は旧形を改めす（後略）

明治四十一年八月　小田原水道改良の必要により調査委員八名を選挙し、石井伊兵衛、中田寿一郎、瀬戸留吉、内田百造、岩下清之助、小澤柳吉、西山槇次郎、松岡彰吉当選す。

同年　十一月　小田原町水道改良工事設計を金弐千円を以て小林助市に嘱託する事を町会に於て決議す。

明治四十二年五月　当町従来之水道は不完全にして飲用に適せさるに依り、足柄下郡湯本村湯本茶屋字片倉百九番地小田原電気鉄道第一発電所の吐出し路に接続し須雲川を横断し、湯本茶屋、二枚橋、山崎、入生田、風祭、板橋を経而小田原町十字四丁目九百九拾七番地に浄水場を設け、（中略）該工費補助とし而工費の四分ノ壱金七万弐千五百円の下附を内務、大蔵両大臣に請願するを決議し、越て五月三十日左の稟議書を提出したり。

小田原町水道敷設之儀ニ付稟請

当町従来ノ水道ハ旧大久保藩ニ於テ営築シタルモノニシテ源ヲ早川ニ取リ溝渠ニ依リ町内ニ引入レ飲用ニ供シ来リ候処水質不良築方不完ニテ飲用ニ堪ヘサルノミナラス往々悪疫ノ媒介ト相成被害甚タシキコト過去ニ徴シ明瞭ニ有之衛生上危険容易ナラス且ツ町ノ繁栄ヲ阻害スルコト不尠候、殊ニ近年避暑寒ノ適地トシテ移住スルモノ年々多キヲ加ヘ随テ町勢漸次発展ノ傾有之ニ付益々衛生設備ヲ完全ニシ当町ノ隆盛ヲ企図スル目的ヲ明治廿三年二月法律第九号水道条例ノ規程ニ基キ別紙設計書之通リ水道布設致度候間御認可相成度町会之決議ヲ経テ此段稟請候也

神奈川県小田原町長

今井廣之助

内務大臣男爵法学博士　平田東助殿

同年　八月　本年五月出願に係る水道布設費補助は、町村に於ては前例あらざる旨に而、内務省より願書を却下せらる。

明治四十四年四月　明治四拾弐年五月廿五日決議なしたる水道布設工事を、左の如く変更を議決す。

（中略）　敷設及低利資金貸下ヲ決議シ四月十七日再度主務省ニ出願書ヲ提出ス、

同年　五月　出願中の水道布設に反対者より神奈川県知事に諫情書を提出す。概要は、当町は事業未不起商業亦不振不堪、と諌述せるも、流石に其理由には苦心の跡あり。此他数回内務、大蔵両者に提せり。左に知事に提出の諌情書を掲載す。

諌情書

某等尊威ヲ　瀆シ謹テ我カ県知事周布公平男爵閣下ニ白ス　中略　我カ小田原町ハ県下ノ西陬《せいすう》ニ在リテ工業未起ラス商業亦振ヘリト言フヘカラス、而シテ町費ハ国費ト共ニ年一年膨張シ町民其負担ニ堪ヘサラントス、中略　小田原の町費ハ四拾年度以来僅ニ四ヶ年間ニ約二倍ノ膨張ヲ示シ既ニ此如シ、而シテ実業ノ発展之ニ伴ス、町民ノ負担ニ苦シムモノ又怪シムヲ煩ヒサルナリ、高等女学校ノ如キ設立以来四ヶ年ヲ経過スレトモ入学生ハ募集ノ数ニ不満収ル所ノ授業料金千九百余円ニテ経費六千七百余円ヲ要シ校舎新築竣成ヲ告其費所ハ壱万八拾余円ハ有志者ノ寄附ヲ以テ充ル筈ナリト雖金額更ニ集ラス小学校ハ狭隘ニテ二部教授ヲ実行シ寄附の名義ノ下ニ授業料ヲ徴収シ諸税ヲ徴収スルニ月掛日掛ノ方法ヲ実行シ尚且ツ滞納スルモノアルヲ免レス、是畢竟小田原ニ工業未ダ起ラス商業モ亦振ハサルノ結果ニテ水道ノ如キ不急ノ工事ヲ企画スヘキノ時機ニアラサルヲ信スルナリ、中略　四拾壱年不幸チブスノ流行ヲ見ルモ独リ小田原町已ニ止ラス之ヲ要スルニ伝染病ノ一ヶ条ヲ以テ水道布設ノ理由トナシ経済状態ヲ鑑ミサルハ我町ヲシテ益々衰退セシムルノ暴挙ナリト断言シテ憚ラサルナリ　町長今井廣之助本月廿一日ヲ以テ任期尽キ町民ノ希望ニ依リ更迭シタレトモ廣之助在職中水道布設ニ腐心シ其費用数千円ニ達セリ、中略　本年弐月下旬町当局者ハ水道案ヲ区長ニ内示シ継テ町会ノ議ニ附シ速決セシメントノ内情世上ニ暴露スルヤ町民ハ挙テ敷設ノ時機ニアフサルヲ唱導シ町会ノ大勢ハ既ニ延期ニ傾キタ共未タ《ママ》以テ安スル能ハス、劇場冨貴座ニ於テ町民大会ヲ開キ

一、水道布設ハ我町今日ノ経済状態ニ鑑ミ時宜ニ適セサルコト、

二、我町自治ノ趨勢ハ徒ニ名利ニ走リ実益ニ遠サカルノ蹟アルヲ認ムルヲ以テ吾人ハ一致協力当局者ヲシテ百年ノ大計ヲ誤ラザフシメンコトフ期ス、

以上ノ如ク民意ヲ発表水道案ヲ撤回セシメタリ、依テ愁眉ヲ開クヲ得タリト雖町長改選ト共ニ種々ノ事情纒綿《てんめん》シ裏面延期ヲ決シ表面通過ヲ謀リ、以テ急設論ノ体面ヲ保持セントノ設《ママ》行ハレ町民モ亦事実ニ於テ延期セハ翼望ヲ達スルトナシ其ノ説ヲ容レタレ共起債認可ヲ閣下ニ迫ルモノアリ、中略　今ヤ町会民意ノアル所ヲ了解セルニ係ラス敢テ可決

通過セルモノ其間明言シ難キ事情ノ存スルモノアリ是壱万九千ノ小田原町民ニ代リ某等カ閣下ノ公明ナル御裁断ヲ請ヒ一日モ早ク其堵ニ安ンコトヲ懇望シテ已マサル所以ナリ

閣下幸ニ之ヲ察セヨ頓首再拝、

明治四拾四年五月九日

明治四十二年(一九〇九)五月、水道敷設の必要性を痛感した町会は、「小田原町水道敷設之儀ニ付稟請」を申請し、工費の四分の一の下付を内務大臣に請願するが、八月、前例がないとして却下される。次いで、二年後の四十四年には工事の変更を議決して資金の貸下げを請願した。しかし、工事費の高騰から既に水道敷設そのものに反対する者も出、敷設延期の諫情書が提出され、小田原町会を二分する争いに発展するのである。その後の「片岡永左衛門日記」を示す。

○片岡永左衛門日記　明治四十四年六月　小田原町水道敷設問題をめぐる賛成・反対両派の抗争の一幕

六月二十八日　雨　当町水道問題モ其後返(反)対者惣代人者内務省及県庁ニ出頭シ不許可ノ上申ヲナシ、又水道委員ハ至急認可ノ請求ニ上京ナス等奔走セシカ、返(反)対者ハ町民ヲ扇動シ町費怠納ノ目的ニテ各自ノ日掛銭ヲ中止セシメ、又ハ返(反)対区内ノ区長ニ辞職セシメテ町政機関ニ障害ヲ加ヘント無法ノ悪手段ヲ弄セシカ、郡長ノ意ヲ受ケ添田理平次・福住九蔵両方ニ仲裁談ヲ提出セント聞ケリ

○片岡永左衛門日記　明治四十四年七月　小田原町水道問題に関する新聞記事の一節

七月二十二日　其後当町ノ水道問題モ種々紛議ヲ重ネシモ未夕快(解)決ニ至ラス、当地発行東海新報ニ

左ノ一節有リ。
小田原町水道敷設ニ関スル紛擾ニ就テ福住九蔵・添田理平次ノ両氏ハ、町治上黙フヘカラストナシ仲裁ノ労ヲ取ルコトトナリ努力セシト雖モ、頑迷ナル彼等反対派ハ更ニ両氏ノ労ヲモ不顧、不謹慎ニモ盲動ヲ敢テシタリ、過般岩田町長ハ町会議員ヲ召集シテ役場楼上ニ協議会ヲ開キシニ際シ反対派ノ傍聴セントセシモ、協議会ナレハ勿論是ヲ拒絶センラレタルニ、吉田義之・二見初右衛門・外郎藤右衛門等ヲ頭梁トセル彼等数名ハ、無謀ニモ会場ノ隣室ニ入リ協議会ヲ妨害セル事実アリ、又先ニ仲裁者ハ報徳社々務所ニ於テ町会議員ト会見、懇談中此処ニモ四五十名入リ来リタルスラ既ニ不穏ナルニ、中ニハ匕首ヲ懐中セル者アリテ威嚇脅迫ノ言語ヲ吐キ議員ヲ恐怖セシメシ者アリト、云々

明治四十五年一月　先年当町より出願の水道布設費に対する低利資金貸下げは其筋より不許可となり、延期派は左の報告を散布したり。

町民大勝利
小田原町万々歳
水道愈々不許可
遂に町民派ノ勝利
右報告ス
明治四拾五年一月廿一日　水道反対各町委員

同年　二月　水道敷設の紛議により町会議員は辞表を提出の処、町民有志者より勧告の結果留任を応諾し円満に結了したり。左に片岡日記をかゝく。(『片岡日記』割愛)

同年　三月　五日、出願中の水道布設願書は低利資金不許可に付、一先返戻の旨を以て却下せらる。
廿一日、水道問題に付種々の衝突ありしも、最早原因消滅に付感情融和の為懇親会を開き、郡長、警察署長、議員、区長等百五拾余人出席し甚だ盛会なり。

結局、二度に亘る水道敷設の請願は却下された。水道敷設派と延期（反対）派の泥沼の争いを片岡日記（割愛）は記している。小田原の行く末を考え、水道敷設の必要性を説いた片岡永左衛門の無念さが滲み出ている。次の史料は請願が却下された時の延期派の文書（陌間家文書）と写真（同家所蔵）である。

「明治四十四年二月、我が小田原町、水道急設の議起れり、町民町會と議相諧はず、而るに町會頑執、一氣之を可決し、起債を内務省に申請せり、是に於て町民激昂、物情騒然たりき、福住九藏、添田理平治両氏、進んで両者の間に介して調停甚だ力めたりき、而して議員等依違として答へず、今茲一月十九日、内務省命あり、起債の申請を却下せらる、此に至て事全く決す、町民踊躍、相慶して萬歳と稱せり。語に曰く始あらざるなし克く終りあるもの鮮しと、事起て以來、町民委員を派し縣廳及び内務省に陳情せしめたること各五度、大藏省に一度、又書を縣廳に提出せること七通、内務省に六通、大藏省に二通、文部省に一通而して町民大會を富貴座に開きしもの前後三回、一歳の間、隊伍整々、一糸亂れず、克く有終の美を濟せるもの、町民が自治制の本旨を解し、權利を重んぜるに由れりと雖も、抑又各町委員が、義に勇み公に徇ふの美徳の致せる處ならずんばあらず、同志の姓名を録するに臨み、略ぼ顛末を叙して、他日の紀念に資すと云ふ。

明治四十五年三月三日　　吉田義之

死生を共にせし各町同志者氏名

前列右より、緑町三丁目先町○綾部延吉、同岩田繁藏、高梨町○飯田榮助、台宿○石井柳兵衛、古新宿○柳川清吉、同○志村傳次郎、竹の花○西村幸助、早川口○寳子山松五郎、欄干橋○外郎藤右衛門、台宿○黒柳幸助、

第二列、鍋町○小林幸助、須藤町○本多又吉、一丁田○木村伊兵衛、同○井上半兵衛、緑町三丁目裏町○石川包朗、大工町○宮澤眞吉、廣小路　小笠原忠吉、山角町○岩下惣次郎、竹の花○中山助八、緑町三丁目先町　闗口安兵衛、廣小路○高橋定次、

第三列、緑新道○鳥越釧之助、筋違橋○二見初右衛門、須藤町　中艮兼吉、新玉新道○早川宣吉、須藤町○田中源藏、廣小路　加藤傳次郎、青物町○小澤清兵衛、安齋町○闗勘藏、須藤町○大島治郎兵衛、緑町三丁目先町　田淵万太郎、山角町○越川豊次郎、同○植村喜三郎、

明治45年の水道延期派（陌間要一氏所蔵）

第四列、新宿○城所藤次郎、同○柳川雄之助、青物町　内野幸左衛門、廣小路　瀬戸伊之助、青物町○堀部眞太郎、山角町○柴田馬太郎、
第五列、須藤町○門松好兵衛、西海子○武藤道春、安齋町○土屋敬三、筋違橋○渡邊覺太郎、台宿○加藤専助、萬町○淡海米太郎、山角町○和田吉五郎、竹ノ花　渡邊力造、
第六列、須藤町○日比谷彦右衛門、新玉新道○小嶋平三郎、竹の花　小林福次郎、鍋町　古谷助次郎、大工町○曾根田文吾、須藤町○吉田義之、鍋町○陌間藤太郎、同　安井政次郎、
撮影の當日差支ありて不參の委員筋違橋二見初右衛門、長野角藏、代官町飯田彌兵衛、高杉安造、古新宿柳下萬吉の五名、二見初右衛門氏の寫眞は後に挿入せる者、氏名の上に○あるは委員なり。

§§§§§§§§§§§§§§§§§§§§§§§§§§

「熱誠日を貫く—義を見て爲さゞるは勇なきなり　」

写真にも「水道延期派」とある。ここに記された氏名を見ると当時の各町有力者が殆ど名を連ねている。今でこそ反対する理由を計りかねるが、前記諌情書は当時の経済状態の疲弊を訴えている。小田原の不況がどれほどであったのか？『町誌』・「新聞記事」のみで歴史を判断すべきでないことを教えられる。
しかしながら、懇親会で手打ちにした水道敷設は、この後、大正時代は殆ど問題にされず、昭和になって騒擾事件を引き起こし、ようやく敷設されるのである。この間、「小田原水道」と呼ばれた「早川上水」は、掘抜き井戸の普及と共に水道の役目を終え、名実ともに「用水」となっていたのである。

2　足柄騒擾事件と近代水道敷設

明治時代以降、各都市で急速に近代水道が敷設されている。

明治二十年（一八八七）十月に、横浜で日本最初の近代水道の通水が開始されている。次いで、横浜同様外国への開港が早かった地の函館水道、三番目に秦野水道が同二十二年（一八八九）三月の敷設である。

これまで見てきたように、小田原町議会も同二十四年には近代水道敷設を議決しているが、なかなか施工には至らない。昭和二年（一九二七）十月、新たに水道計画が立てられ検討の結果、須雲川に水源が求められるが、地元湯本の反対で中止となる。同六年（一九三一）四月、箱根の国立公園指定が進捗して行く中、須雲川水源を断念し、足柄村飯田岡及び清水新田を水源に選んだ。

昭和七年（一九三二）十一月十六日、地元の反対と町会内にも反対意見はあったが、町会に上水道事業計画書が提出され、同日可決、主務省に認可並びに起債申請を行った。その起工理由書は次のように記している。

「小田原町水道は、其の敷設極めて古く、旧大《マ》久保藩《マ》に於て営築したるものを、明治二十七年（一八九四）上水道として手続を経たるものにして、早川流水を隣村大窪地内より取入、溝渠にて全町に給水し、井水と共用せられしも、明治二十三年（一八九〇）及同二十八年（一八九五）等虎列刺《コレラ》病の大流行を来し、（中略）既設水道は、既に飲用に供する事不可能にして、雑用水に使用するのみとなり、飲用水は井戸を以て便しつつある」（後略）

明治時代は「小田原町水道」であったが、昭和初期には雑用水となり、各戸では井戸水が使われていたことが判明する。

昭和八年（一九三三）三月、小田原上水道事業認可と起債許可が認められるが、地元飯田岡地区の水源反対運動も激しさを増して行く。四月になると、地元民は県庁や内務省に反対陳情に出かけ、村民大会を開き反対のビラを貼付したりするため、小田原署でも厳戒体制を敷く。

同年七月十四日午前二時、地元消防組員を中心に暴動を起こした。足柄騒擾事件と言われる。

当時の新聞記事と片岡日記は、その概略を伝えている。

○朝日新聞　昭和八年七月十五日付
十四日未明、突然蜂起した小田原在、足柄村消防組中、旧富水十三地区に属する富水消防（第一部より第六部までの編制）二百五十名と、水源地設置反対の村民一部を併せて約三百名の暴徒は、同村飯田岡の水源試掘県営事務所を焼き払い、ボーリング櫓を破壊し、駐在巡査の頭をトビ口で傷つけ、警察電話線を切断し、ガソリンポンプで賛成派村民四名の住宅を襲撃水浸しとした上、戸障子を滅茶滅茶に破壊するなど、乱暴の限りを促し、うっ憤を晴らした。

○片岡永左衛門日記　昭和八年七月　足柄騒擾事件
十五日　晴　水源地暴動ニ対シ見舞と云も可笑しか役場ニ顔を見ニ行く、町長も助役も涼しそうな顔ニ拙者もにこ〳〵、水源問題も初者部落の良（了）解も有り順調なりしに、反対の首謀者ハ部落の人ニ常に同情なく除外され来りたるに、水源問題を好機とし従来の部落の重立たる者と返（反）対に立種々策動の結果て、代議士河野一郎親子の言動も因をなしたらむかとの風説も有る。彼れ等の返（反）対の為に返（反）対する事実も暴落し、小田原町としてわ返て好果たるも知るへからす、併し首謀者ハ兎も角く、只深き理解もなく雷同したる者及ひ家族に対しては気毒に不堪

小田原の水道問題爆発　遂に暴力化
消防二百名が先頭に　大挙放火殴り込み

〔小田原発〕神奈川県小田原町在足柄村旧富水十三部落民は、小田原町が設置せんとする上水道の水源地に決定したのを憤慨し、絶対反対を唱へ、去る一月以来紛糾を重ねてゐたが、県の古川内務部長が調停に立ち、県の手で井戸を試掘し、村民が主張するように果して水道が既設の井戸水ならびに潅漑用水に影響があるかどうかを調査すべく、六月末から試掘に著（着）手したため、県は小田原町に肩を持つとて部落民はますくいきどほり、十四日俄然不平爆発し大騒動を惹起した。

昭和九年一月、前記事件の判決が下された。実刑五名、執行猶予二十八名、罰金刑二十五名、無罪二名の申し渡しであった。この裁判審理中に、小田原町と足柄村の妥協がなり上水道水源地の工事は進んで行った。

○片岡永左衛門日記　昭和九年一月
十六日　曇　午前十時水道委員会ニ出席、富水村清水新田と水源交渉成り着工の承諾を求められしに異議無結了、足柄村に於る水源返（反）対派も内部より分裂を来し、清水部落にては土地の売却上好機逸すへからすと富水部落に引連らるゝの愚をさとり、犯罪を減刑なさしむると村内の融和を謀るの口実のもとに部落内に水源を設るに同意したるにて、委員内に河野等に使嗾せられ水道部閉鎖なとを提出したる師（獅）子身（心）中の虫・議員・委員も、今日者従来の行掛り上か、今清水にて了解するを是迄長日月ニ至りたる者何

故とか、着手してまた行つまる事なきかなと、気毒なる愚問三四あり、今更可笑

昭和十一年三月、上水道の工事が竣工すると共に、認可申請の際に添付した小田原町水道使用条例に基づいて給水工事の受付を開始した。明治二十四年の水道敷設町会議決以来、実に四十五年の歳月が流れていた。

この「足柄騒擾事件」について、『西さがみ庶民史録第十号』（昭和六十年刊）」は、「足柄騒擾事件ドキュメント」と題して調査、詳細に記している。先の新聞記事・片岡日記共に、どちらかと言えば小田原町側の論理である。このドキュメントでは、実際に反対派に属した二人の話を載せている。

彼らが、五十二年前を振り返っての談話である。

○池田六郎さん（明治三十九年生まれ）

昭和八年、私はその年に女房を貰ったのですが、婿として羽織を渡されることになっていた七月十四日、その未明に事件が起きちゃって留置場にぶち込まれ、とうとう二週間小田原署にいましたかね…。前科者になっちゃった。

その二年くらい前でしたか、小田原町から地元の飯田岡に話がありまして、飯田岡は地下水が豊富だからボーリングをしたい、それをポンプで汲み上げて小峯の山に持って行って水圧でおろすという計画なんです。

当時はこの辺どこを掘っても水はがんがん出るんです。ところが、いろいろ聞いてみると場合によっては水が足りなくなると強制取水するという。それでは、付近の井戸は枯渇してしまうというのが元なんです。

地下水というのは我々の唯一の資源なんだ、それが枯渇したら我々はどうするんだ、ということなんですよ。（中略）我々は金儲けでも何でもない、自分の身を守るだけのことなんだ。ところが賛成派は試掘の土地

を売っちゃう。結局、最後は県と内務省が仲裁に入る形になって、ボーリングして付近の井戸に影響があるかないかを調べることになった。ところが、話が違って六インチのパイプを入れた。そこは仙了川と狩川の合流点で無番地の官地です。素人でも明日水が上がるということが分かった。で、「明日水が上がる、これを許したら水を持って行かれちゃう、今夜のうちに暴力で食い止めよう」ということになった。（中略）

罪に問われた人の家族には、これは部落のためだ、地区のためだということで、田の草取りなんか部落の人が手伝いに行きました。皆、同情がありました。あのくらい結束の堅かったことは今の時世では鏡だと思っています。

○古沢新作さん（明治四十四年生まれ）

蓮正寺に反対運動の協力依頼がされたのは、飯田岡が賛成と反対に分かれ、飯田岡一村では反対しきれなくなったからで、昭和八年の正月頃だったと思います。飯田岡でけつまずいて小田原町が極秘で清水新田と契約した。その前の段階でした。

話が持ち込まれる前、事件の一年くらい前から私と木村良平さんが中心になって個人的でしたが、地下水を水源としている所を見て廻り、資料を相当手に入れていました。近辺では小田原製紙工場です。ここは地下水を汲み上げたために付近の掘り抜きが噴水しなくなり、皆さん御存知のことでした。鵠沼の湘南水道、やはり地下水を汲み上げて鵠沼から片瀬にかけての別荘地帯に給水していたと思いますが、ここの被害も聞いて回りました。沼津や三島にも行ったように思います。埼玉に行ったのも確かです。内実を御存知ない方には反対の根拠がないように言われましたが、十分調べた上のことでした。

当時、この近辺には沢山の掘り抜きがありました。私の所では一分間に一石八斗も吹き上げていました。

太い土管で受け止めても右に左に揺れて溢れ出てしまうのです。親戚の人が泊まりに来ると、水音がやかましくて寝られないなんて言われましたが、今では全く嘘のようです。（中略）
二年六ヶ月の間、妹二人が会社勤めをして生活を支えてくれたし、近所の人も仕事を手伝ってくれた。小田原の竹広木材の先代の御主人は私たちを支持し、金銭的支援もしてくれました。（中略）九年になって井戸の放流試験をしたとき、上多古・穴部新田に大きな影響が出て私たちは間違っていなかったと分かりましたが、運動は二度と立て直すことは出来ませんでした。（中略）それにしても、私たちが生きている間に現実にこんなに水がなくなるとは…。私たちの訴えたことは間違いではなかったのです。

このように、先人たちが血と汗と涙を流して小田原の行く末を考えた結果として、完成した小田原の近代水道について、昭和十六年六月二十日発行の『小田原町史』（永井福治著）は、次のように記している。

「水道は永い間の懸案であったが、昭和七年着工され、同十一年三月十七日小峯配水池に於て通水式が行はれ、夏冷たく、冬暖かい全國稀に見る堀抜の清鮮な飲料水が各戸に配水される事になった。尚此の時水道標語を募集したが、一等には「使へ水道文化の泉」と云うのが當選した。昭和十五年十二月に於ける給水状況は戸數二、七〇五戸、栓數二、四八六で需要者は日を追うて増加してゐる」

小田原水道は、全国的に見ても稀に見る清鮮な飲料水であるという。
ただ、現在、この掘り抜きの伏流水が給水されているのは、ほぼ、旧小田原市内に限られ、水源地である富水地域の水道は、高田浄水場に集水した酒匂川の水が給水され、皮肉な結果になっているという。

3　富水の地名と小田原の近代水道

前項『西さがみ庶民史録第十号』（昭和六十年）で、古沢氏は「こんなに水がなくなるとは」と嘆かれている。この時より二十一年ほど遡るが、昭和三十九年発行の『とみず子ども風土記』という本がある。

当時は、まだ、富水の地名を首肯《うな》ずかせる湧水がいたる所で見られたことを記している。編集・執筆者は郷土史研究会高橋武二とある。この書から、富水の地名と小田原の水道について記した部分をまとめてみた。

子供向けに、易しく丁寧に書かれているので、原文を損なわない程度に編集・校正して記した。

『とみず子ども風土記』

「むかし、飯田岡には飲み水にするような水がなかなか見つかりませんでしたので、「悪い病気の流行地だ」とまで言われ、人びとは安心して、その日その日を送ることができませんでした。

嘉永四年（一八五一）のころ、小田原城内に掘った掘り抜き井戸の調子が大へん良かったので、その方法を飯田岡の地域にも試してみました。ところが、掘ること二十八メートルの深さに達すると、地上一メートルの高さに清水が噴き出ました。その上、水の質も大へん良く、さらに竹筒をつぐと、高さ三メートルにもなるほど噴き出ましたので、村人たちは大喜びしました。この話を伝え聞いて、付近の村々から見に来る人たちも多くなり、掘り抜き井戸は、飯田岡村ばかりでなく、だんだんと、よその村々まで作られるようになりました。

明治二十三年四月、わが国で始めての町村制がしかれた時、江戸時代からあった十二の村（蓮正寺・中曽根・飯田岡・堀之内・柳新田・小台・新屋・清水新田・北の窪・府川・穴部・穴部新田）が一つになって新しい村を作ることになりました。その時どんな名の村にしようかということが問題になりましたが、夏は冷たく、冬は暖かい清水が沢山湧き出る所であるから「水が富む」村として「富水」村にしたら良いという話がまとまり、ここに、十二の村は「富水村」として新しく出発することになったのです。

この富水と栢山付近は、酒匂川や狩川の影響を受けて、伏流水（川底や地面の中にある砂や石の中を流れている水）が大へん豊かです。東京・横浜方面の人たちが、地上に「コンコン」と湧き出ている井戸を見ると、それだけで富水は良いところだと思うようです。また、水が豊かであるばかりでなく、きれいで水の質も大へん良いのです。フィルム会社があり、製紙工場や印刷局などが付近にあるのもみんなそのためです。

小田原市でも昭和十年頃、この富水方面の水を上水道用として使う計画を立て、清水新田の水道橋のたもとに井戸を掘り、この水を市民に給水することにしました。

始めは井戸を掘ってそんなに沢山の水を取ったら、田の水や、付近の掘り抜きの水が無くなってしまうだろうと心配し、飯田岡や清水新田の人たちが中心になって、工事のために必要な小屋を焼いてしまうほどの大反対をしたことがありましたが、幸い話し合いがついて、昭和十一年三月十七日に完成することができました。これが今の水道橋のたもとにある第一水源地です。

しかし、その後水道の使用する量が多くなり、反対に水量が減ったため、昭和二十六年、酒匂川と狩川の合流点にあたる「だるま尻」の所に、第二水源地を作りました。ここは、水の量が多く、第一水源地の七倍の力を持つポンプ三台で汲み取っています。なお、第一水源地は平均三十三メートルの深さから、第二水源地は七・八メートルの深さから水を取っています。

こうしたことから、一般の水道と違って、貯水池・沈澱池・ろ過池などの施設はありません。それは、水源が掘り抜き井戸と地下の伏流水を集めた浅井戸ですから、これらの施設は必要がないわけです。もう一つ良いことは、一般の水道は、夏は生温く冬は氷のように冷たいのが普通ですが、小田原市の水道は、地下水と伏流水ですから、春・夏・秋・冬を通じて、あまり水温の変化がなく、摂氏十六度か十七度ぐらいで、非常に使いよい温度を保っています。

富水、栢山付近の土地をあちこち歩き回ると、家々の台所や玄関脇や道端に面した所などに、コンコンと湧き出ている「堀り抜き」が目につきます。夏の暑い盛り、汗とほこりでくちゃくちゃになった顔と、渇き切った喉を潤すため、時々それらの水を利用させて貰うことがあります。なかには、これらの人たちのために、コップや茶碗が井戸端に用意されている親切な家もあります」

水道発祥の地（清水新田第一水源地）

今年平成十六年三月六日、この地（現小田原市清水新田）に、「水道発祥の地」の石碑が建立され、市長ら立合いで除幕式が行われた。石碑には次のように刻まれている。

「水道発祥の地
小田原市の水道は、昭和八年三月に事業創設し、この地（当時の足柄村清水新田及び飯田岡）に最初の水源を求め、ここから取水した水を小峰配水池に送水し、昭和十一年三月に給水を開始した。創設当時における給水区域は、旧小田原町一円（緑・新玉・幸及び十字）で、計画給水人口は三万五千人、計画一日最大給水量は五千七百七十五立方米であった。
わたくしたちは、この地に水源を求めるに当たって、関係者の多くの努力と協力があったことを後世に伝えるとともに、さらにあすの発展をもたらすことを希望するものである。
平成十六年一月吉日　小田原市水道事業」

創設当時の給水区域を「旧小田原町一円（緑・新玉・幸及び十字）」としているが、万年町が抜けている。当時、万年町には水道が至らなかったのであろうか？　それならば、「小田原町一円」とは言えない。因みに、先の『西さがみ庶民史録』第十号では、小田原町会の「飯田岡水源の水道布設計画（概略）」として、「給水範囲　小田原町一円（緑、新玉、万年、幸、十字）」と、記している。

（閑話休題）植田又兵衛と「小田原町水道」

『明治小田原町誌』の明治二十一年（一八八八）から同三十四年（一九〇一）まで、町会議員選挙当選を含めて二十一回も名前の見える植田又兵衛は、宗福寺（現浜町四-三〇-一〇）の植田家墓地に埋葬されている。
そこには「植田又兵衛先生之墓」とあり、私塾を経営していたことから、建立者は私塾の委員と親戚・賛助者が三十七名（左側面）、塾生の青少年たち四十三名（右側面）の合計八十名の名が刻まれている。

碑文の撰・著者は峯尾文太郎。裏面に漢文で顕彰文が刻まれている。漢文に造詣の深い酒匂の川瀬連雄氏に読み下し文をご教示いただき、解読文を下段に示した。

これまで全く知られていなかった彼の事績を、碑文は次のように伝えている。

（正面）　植田又兵衛先生之墓

（裏面）
先生以弘化四年霜月生于相模小田原資
性剛直家素不冨曽為樵夫具歴辛苦及参
町政於教育於水道経営大有績矣志常在
殖産興業而克敷報徳之教旨持勵不倦焉
又長算數晩年授教入門三百餘名大正三
年四月九日歿弟子醵資樹碑永表念師之
誠云爾
辱知　峯尾文太郎撰并書

（解読）

先生におかれましては、弘化四年十一月、相模小田原に生まれ、剛直な天性で家は質素にして富まず。かっては、樵夫も経験した。代々にわたり辛苦に及ぶ。町政に参画し、教育や水道の経営に大きな功績を残した。志常に殖産興業に在り、報徳の教旨を能力を尽して四方に広め、持励たゆまず。また、長く晩年まで算数を教え、その入門者三百余名。大正三年四月九日没す。弟子資金を出し、碑を建て永く思いを表す。師の誠かく云う。

よく知っている人　峰尾文太郎撰・書

左右側面に刻まれた建立者を記しておく。

（左側面）

少年部委員　石田　茂　井上　康治　柏木重太郎　山本孟一郎　小林　市蔵　杉田　彦行

青年部委員
鈴木　政吉　大澤福太郎　橋本源次郎
本多榮太郎　小澤萬太郎　加賀　定吉
高木　信次　金子　幸造　山嵜　林蔵
神保儀三郎　鈴木久太郎　守田　房吉

親戚
林　佐太郎　志村竹次郎　林　榮造
植田　ユキ　高橋　幾蔵　川瀬鉄五郎
土谷源右衛門　池田六三郎　岩本久太郎
神谷半次郎　植田　又吉　永井　光三
小澤　丑松　富澤　浦吉

賛助員
福山　茂吉　神谷　寅吉　多田　重一
林　徳次郎　石田徳次郎

（右側面）
門人少年部
國井　吉三　柏木　長吾　青地　芳夫
大木　吉郎　廣澤伊之助　小澤　榮
鈴木松次郎　山口源三郎　上國　定吉
湯川　金三　古郡　有三　込山喜一郎
尾上　慎三　神保　太平　林　章
小澤角太郎　富田　耕三　青木　正夫
西田清次郎

植田又兵衛先生之墓（昭和２年頃、植田博之氏所蔵）

青年部

須田荘之助　日比野初五郎　林　竹次郎　奥津榮次郎　田代　筆吉　山口安太郎
神谷清次郎　小島　為吉　濱田　富衛　小林智恵治　榊原　岩吉　小嶋　久治
林　吉蔵　林　直蔵　星野　粂吉　加藤清太郎　土谷　辨三　高橋弥四郎
加賀　祐造　林　松造　西川清四郎　西川金次郎　橋本豊四郎　沖山安太郎

植田又兵衛は、弘化四年（一八四七）十一月小田原生まれ。明治維新（一八六八）の時は二十一歳であった。「叅町政於教育於水道経営大有績矣」とあり、「町政に参画し、教育と水道の経営に大きな功績を残した」と解読できる。そして、和算塾の門下生が三百余名、大正三年（一九一四）四月に六十六歳で他界している。

水道について、『町誌』では、植田又兵衛は明治二十一年の分水事件の時、松原神社に事務所を置き、小田原町民にとって「生命《いのち》の水」である小田原宿水道を昼夜詰め切りで護り、板橋に分水口を創設することで事件を落着させる。その二年後の同二十四年九月に、近代水道敷設が町会で議決されると、片岡永左衛門とともに「水道改良工事再調査報告書」を完成した。

小田原の近代水道敷設の原点に携わっているのである。

又兵衛の死後、小田原水道は敷設反対運動や水源地住民との足柄騒擾事件も起こり、昭和十一年と大幅に遅れて完成している。これまで、『町誌』以外の小田原の郷土史に殆ど記されていない植田又兵衛の事績の第一は、小田原町民の「生命の水」を護り、当時の小田原水道（早川上水）の整備と、近代水道敷設の礎を築いたことである。

現在、明治二十一年（一八八八）の分水事件と、同三十三年（一九〇〇）からの箱根湖水逆川口分水事件の功労者として、板橋早川上水取入口に市川文次郎の顕彰碑が建てられている。彼は板橋村村長であった。小田原町側の功績者として、植田又兵衛が特筆され宗福寺の「植田又兵衛先生の墓」も知られて良いであろう。『町誌』から、水道の他に学校教育の基盤作りに尽力したことが裏付けられる。そして、『科学史研究』第三十八号（昭和三十一年刊）と『和算研究』第十一号（昭和三十六年刊）は、執筆者藤井長雄が彼の門弟を訪ねた聞き書きから、私費を投じての私塾（和算を中心に尊徳の教えも指導した）の経営が判明する。更に、小田原町と農民との下肥騒動の時は、彼は農民を指導し、農民側の勝利に導いている。

また、『小田原ハリストス正教会一二〇年史』によると、ロシア正教への尽力も、注目すべき植田又兵衛の事績であることが知れる。同正教会の史料（メトリカ＝入会名簿に相当）によると、又兵衛は明治十年（一八七七）五月十二日に受洗、小田原最初の受洗者友田清・峰義準（同年四月八日）に次ぐ、三名の内の一人である。彼の他界後十一年を経た大正十四年の正教会日誌は、当地に教会を建設する際の土地購入に尽力した四名の元老の一人に又兵衛を上げている。

詳細は、『小田原史談』第一九五・一九六（平成十五年十月・同十六年一月）号に発表したが、片岡永左衛門と同様に活躍しながら、永左衛門とは対称的に「黙して語ら（記さ）なかった」人物と思え、これまでの『町誌』以外の郷土史には全く記されることはなかった。

奇しくも、彼の顕彰墓は「早川上水」の流末、江戸口（山王）見附を出た所の宗福寺にある。「小田原早川上水」とともに、こうした人物が小田原にいたことも知られるよう努めたいと思う。

第三章　現代の「小田原早川上水」

序章に記したように、小田原市は、これまで見てきた「小田原早川上水」を、上水・水道の用語が浸透していなかった江戸時代初期に記された「小田原用水」を用いている。

先ずは、その呼称の変遷を調べてみた。

1　「小田原早川上水」の呼称

これまでも述べてきたように、近世・近代文書等に見られる「早川上水」の固有名詞は、次頁表1の通りである。この内、近世（江戸時代）文書で固有名詞を記したのは四件のみである。

このように、江戸時代の史料が少ないのは、殆ど固有名詞で呼ばれることがなかったことを示しているのであろう。現代でも「水道」について、「小田原市営水道」（正式名称であろう）ということは、一般的には全くない。P.29～36の文書で、江戸時代初期こそ用水と水道の併用が見られるが、元禄時代以降は殆ど「水道」と記している。こうした言葉使いは現代と全く同じである。先人の言葉使いの正確さに驚かされる。

少ない史料であるが、「小田原用水」を記した三件の内二件は板橋村である。小田原宿内では貞享三年の「小田原用水」と天保七年の「早川上水」の二件のみである。この百五十年の間に宿内では「小田原用水→

表1　呼称の変遷

	名　称	著者又は発行所	書名または文書名	発行年月（西暦）
1	小田原用水	板橋村	板橋村明細帳	寛文十二年（一六七二）七月
2	小田原用水	稲葉氏	御引渡記録	貞享三年（一六八六）
3	早川上水	小田原宿	新編相模国風土記稿	天保七年（一八三六）
4	小田原用水	板橋村	新編相模国風土記稿	天保七年（一八三六）
5	小田原宿水道	片岡永左衛門	明治小田原町誌	明治二十一年（一八八八）十二月
6	小田原町水道	小田原町議会	上水道起工理由書	昭和七年（一九三二）十一月
7	小田原水道（早川上水）	日本土木学会	明治以前日本土木史	昭和十一年（一九三六）

早川上水」と呼称変化したと解釈できる。当時の板橋村は、小田原府内に隣接した宿外の村で、昼間こそ比較的自由に往来できたが、暮六ツ（夕方六時頃）には木戸が閉じられ、明六ツ（朝六時頃）に再開するまでは、名主等の許可なくしては往来できなかった。現在の「小田原市板橋」とは、全く異なる社会環境である。

従って、河川の上流と下流で川名が違うのと同様、天保七年の史料とされる『風土記』は、板橋村で「小田原用水」、宿内で「早川上水」と呼ばれていたことを示唆していると理解できる。

明治時代から昭和十一年の近代水道敷設までは、町議会の史料などが多く残され「小田原宿水道→小田原町水道→小田原水道」の呼称変化が歴然としている。この間は、江戸時代の「小田原用水」・「早川上水」ともに完全に死語化していることが知れる。

表2　郷土史を愛好する人たちの用いた呼称

	名称	著者または発行所	書名	発行年月（西暦）
1	小田原用水	高橋武二	とみず子ども風土記	昭和三十九年（一九六四）四月
2	北条用水	立木望隆・三津木国輝	あるく箱根・小田原	昭和五十二年（一九七七）五月
3	早川上水	西さがみ庶民史録の会	西さがみ庶民史録第十号	昭和六十年（一九八五）六月
4	早川用水	田代道弥	あるく・見る箱根八里	平成三年（一九九一）十二月
5	小田原古用水・	中野敬次郎	近代小田原百年史	平成四年（一九九二）十月
	小田原水道	〃	〃	〃
6	早川上水	石井啓文	小田原の郷土史再発見	平成十二年（二〇〇〇）十一月

表3　小田原市の用いた呼称

	名称	著者または発行所	書名および碑柱名	発行年月（西暦）
1	早川上水	小田原市第十六区自治会	専漁の村（古新宿村史）	昭和五十五年（一九八〇）九月
2	早川上水	小田原市第十六区自治会	「早川上水跡」碑	昭和五十六年（一九八一）頃
3	小田原用水	小田原市水道部	おだわらの水（水道五十年史）	昭和六十一年（一九八六）十月
4	早川用水	小田原市	小田原市史別編「城郭」	平成七年（一九九五）十月
5	小田原用水	小田原市都市計画課	広報「小田原」	平成十二年（二〇〇〇）二月

近代水道敷設後は、「早川上水」はその役割を完全に終結し、名実ともに「用水」となる。昭和三十九年高橋武二は「小田原用水」としたが、町内の飲料水に用いられたことを明確に記している。

そして、同五十年代以降、小田原の郷土史を愛好する人たちや小田原市は、様々な呼称を用いており、混乱の様子を示している（表2・3）。

昭和五十二年、立木望隆・三津木国輝は「北条用水」と記した。

同五十五年、古新宿（現浜町・第十六区自治会）の人たちは、古新宿村史『専漁の村』を発刊し、『風土記』の「早川上水」を用いた。その刊行後一年ほどして「早川上水跡」碑を建立したという。

当時、編集に携わった陌間次郎は市の文化財保護課を何度も訪れ、史料の提供と助言を、そして、立木望隆・中野敬次郎にもご指導をいただいていたという（陌間要一氏談）。また、陌間次郎とともに編集に携わった田代兼太郎氏は、「当時、私たちは「早川上水」と呼んでいた。だから「早川上水」碑も建てたのである。その後、小田原市が「小田原用水」としたことは知っているが、何故そうしたかは知らない」と、言われている。

昭和六十年『西さがみ庶民史録』も「早川上水」を記している。

平成になると、田代道弥氏は「早川用水」とした。

「早川上水跡」碑（現浜町4丁目角）

次いで、中野敬次郎は「小田原古用水・小田原水道」を用い、「板橋用水」とも記している。

一方、小田原市は昭和六十一年、『おだわらの水~小田原水道五十年史~』で、「小田原用水」とした。現在、板橋のお塔坂下には、「小田原用水取入口」の説明板が建立されている。この説明板は建立年月を記していない。柱には小田原市とある。おそらく、前記「早川上水跡」碑建立の後、昭和六十一年の『五十年史』前後に、説明板は設置されたのではないだろうか？

この「取入口」説明板の設置に際し、早川上水とすべき意見があったという（現板橋地区住民の話）。当時、地元（水路付近）の人たちは「用水」と称していた。既述したように、近代水道敷設後は名実ともに「用水」であり当然のことである。どのような議論がなされたかは知り得ないが、地元の人たちが「用水」と呼んでいる現実論が強かったのであろう。私はそれを否定はしない。これも歴史の一貞と考えられる。

そして、郷土史を愛好する人たちは「小田原用水」「北条用水」「早川上水」「早川用水」「小田原古用水」「板橋用水」「小田原水道」とも記している。この内、「小田原用水・早川上水・小田原水道」以外は、郷土史を愛好する人たちの造語であり史料には見られない。いずれも現実論に合わすべく苦労が窺われる。「早川用水」とされたのは、『風土記』に「早川上水」とあるのを知りながら現実論に合わせ、「早川用水」とされたのではないだろうか？ しかし、現在「用水」と称する人は全くと言って良いほどいない。子供たちは「この川」と呼んでいる。

既に、田用水や雑用水に使われることもないからであろう。

十数年前に決められた「小田原用水」を、「早川上水」と改める時期に至っていると思う。

2　全国版書籍の記述

全国版書籍の「早川上水」の呼称を表4に示した。いずれも「小田原早川上水」である。『明治以前土木史』も、ここに属するかとも考えたが、「小田原水道（早川上水）」が、当時の呼ばれ方と推定して表1に示した。

表4　全国版書籍の呼称

	名称	著者又は発行所	書名	発行年月
1	小田原早川上水	日本水道協会	日本水道史（全五冊）	昭和四十二年（一九六七）三月
2	小田原早川上水	堀越正雄	日本の上水	昭和四十五年（一九七〇）
3	小田原早川上水	堀越正雄	井戸と水道の話	昭和五十六年（一九八一）二月
4	小田原早川上水	藤岡通夫	城と城下町	昭和六十三年（一九八八）五月
5	小田原早川上水	神奈川県企業庁	神奈川県営水道六十年史	平成六年（一九九四）三月
6	小田原早川上水	竹内誠監修	ビジュアル・ワイド江戸時代館	平成十四年（二〇〇二）十二月

先ず、昭和四十二年刊行の『日本水道史』（全五冊、以下『水道史』と略す）の総論編第一編「総説」、第三節「地方旧水道」の第一項で、次のように記している。【　】内は、私（筆者）の注である。

「1、小田原早川上水（神奈川県）

小田原の地名は、原野に小田を開墾したことから起こったと言われ、鎌倉・室町時代から用いられた地名【小田原の初見は、嘉元三年（一三〇五）頃】であった。旧小田原城は古事記の中に小淘綾城と呼ばれていたのを、明応四年（一四九五）伊勢新九郎長氏が伊豆から来てこの地を領有し、名を北条早雲と改めて以来、小田原城と改められた。この北条氏五代九〇余年間は、領土が関八州にまたがり、大いに小田原は繁栄したが、天正十八年（一五九〇）七月、豊臣秀吉に亡ぼされて徳川家康に与えられた。

その後、家康は小田原に一時在城した【?】が、江戸に移って以後は大久保忠世の封地となった。しかし、大久保氏二代忠隣の時、家康はその政治上の勢力を懼れて領地を没収し、忠隣を佐和山城に移し、小田原城を番城として、諸侯の交替で治めることにした。その後五代大久保加賀守忠朝の時に、再び小田原城主となって、この地を約一八〇年間治めたが、明治二年（一八六九）忠良の時代に藩籍を奉還したのであった。明治十一年（一八七八）、神奈川県に属し、同二十二年（一八八九）四月、町村制施行によって小田原町となったのである。

この小田原の地は、須藤町・竹の花の二町を除くほか、府内各町々の井戸水は不足し、飲料水に困難をしていたので上水の建設を必要とした。

早川上水の施工については新編相模【国】風土記稿によれば、北条氏領有の時代（一四九五〜一五九〇）、おそらく北条氏康（一五一五〜七一）の代で、天文十四年（一五四五）に遡ると推察され、わが国における最も古い水道に属するものである。天正十八年（一五九〇）頃には、板橋地区に蓮池という池があって早川の水を分水してこの池に入れ、小田原城内および濠に配水していた。【濠に給水したのは、江戸時代に入ってからで、三之丸と外濠を施工したのは大久保忠隣の時と推定されている】

早川上水の水源は、小田原の西南板橋在通称お塔山の山裾から早川の水を取り入れ、板橋道路面を通って、山角町（現在小田原市十字町二丁目）に導水し、小田原城下の用水《ママ》にあてられていた。しかし、当時の上水《ママ》は開渠のままの水路であった。この幹線水路は山角町光円寺境内を経て、東海道の大路を通り東端新宿町に及び、途中沿道の各町に分水して一般町民の飲料に供された。また、その末流は江戸門外（古くは酒匂口と呼ばれた）に出て左右の池（蓮池ともいう）に注ぎ、余水は山王川に落ち灌漑用水となっていた。

また、町の北部須藤・竹花方面は土地高く水が上がらないので、堀井を使用していた。

その後、万治二年（一六五九）頃、時の小田原城主稲葉正則が臣下に命じて江戸水道に倣ってこの上水を大改良し【大改良の史料は見られない】、早川に高さ一丈二尺（三、九六《ママ》m）、巾八尺（二、六四《ママ》m）の水門を設置して、板橋道路に巾六尺（一、八二m）の水路一五六町（一六、九九四m）を作って導水し、これから当時の住民の飲用にあてたが、この時、水路の開渠を暗渠に改めた。この開渠を暗渠に改めたことについては、元禄十六年（一七〇三）の江戸大地震の際、城主大久保加賀守忠朝が天守閣その他建物の破壊修理のため、幕府から一万五千両を借りているので、これで改造したとの説もあるが明らかではない。

また、明治小田原町誌によれば、明治五年（一八七二）六月の水道浚渫について、「例年の通り水道浚渫をなす。従来水道蓋板は領主役所より差出されしを本年より各自家前は自費とし、各小路に通ずる箱桝等は町費より支出することになれり」とあるから、明治以前から暗渠となっていたことは明らかであると推定される。

以上の通り、早川上水はわが国における最も古い施設であって、北条氏以後、稲葉氏・大久保氏の所領に帰してからも歴代の藩主はその修理・改良に努めたため、久しい間住民の多数がこれを利用することができたのである。なお、安政六年（一八五九）九月における給水人口は、五千百三人であった」

歴史上の記述に、疑問が生じる箇所もあるが、「小田原早川上水」を「わが国最古の施設」と記している。

次いで、昭和四十五年（一九七〇）の堀越正雄著『日本の上水』・同五十六年の『井戸と水道の話』ともに、早川上水を「日本最古の水道」と認めながら、「わが国最初の水道」から除外する論調であることを既に述べてきた。そして、昭和六十三年（一九八八）、小田原城の復元天守閣設計者である当時の東京工業大学教授藤岡通夫博士は、著書『城と城下町』で次のように記している。

「城下町に武士をはじめ商工業者が集住すると、まず考えなければならぬのは飲用水その他の生活用水である。（中略）既に室町末期の天文十四年（一五四五）に小田原早川上水があったと伝えられ、次いで、天正十八年（一五九〇）【文禄三年（一五九四）の間違い？】には甲府用水が知られている」

また、平成六年（一九九四）の『神奈川県営水道六十年史』は、「第一章 前史・神奈川の水道」第一項、「1．小田原早川上水」（P.125）として、最も端的明瞭に「小田原早川上水」を紹介している。

次いで、同十四年十二月に刊行された『ビジュアル・ワイド江戸時代館』も次のように記している。

「わが国で近代以前につくられた上水道は、四〇以上を数える。近世の上水道は飲用専用のものは少なく、灌漑と兼用がほとんどだった。最も古い天文十四年（一五四五）竣工【同年「以前」が正しい】の小田原早川上水も灌漑と兼用の上水道であった」

この記述は、江戸時代の殆どの水道が現代と同じように、飲用のみではなく生活用水にも使用されていたことを示している。こうしたことからも、『日本の上水』等が、①一般の飲用を主とする水道・②潅漑を兼用とした水道、等と分類（P.19）したことは、ほとんど無意味であると言えよう。

更に、固有名詞は記していないが、上水・水道を説明した書籍（表5）で、小田原の水道を記した文章を抜粋する

表5　固有名詞は記されていないが、「早川上水」を説明した用語

	用語	筆者および出版社	書名	発行年
1	水道	函左教育會　伊勢治書店	足柄下郡誌（教科書）	明治三十三年（一九〇〇）
2	水道	永井福治　㈱開明堂	城下町小田原	昭和　十六年（一九四一）
3	上水	伊藤好一　㈱吉川弘文館	国史大辞典（全十五巻）	昭和六十一年（一九八六）
4	水道	樋口清之監修　NHK出版部	ビジュアル百科「江戸事情」（全六巻）	平成　三年（一九九一）
5	上水	伊藤好一　㈱平凡社	日本史大辞典（全七巻）	平成　五年（一九九三）

先ず、歴史辞典の解説であるが、『国史大辞典』は次のように記している。

「上水　飲料水とするために引いた用水。近世城下町の経営には多かれ少なかれ上水を引くことが計画されている。福井では芝原上水が慶長十一年（一六〇六）に竣工、赤穂では赤穂水道が慶長十九年から元和二年（一六一六）にかけて着工され、その後城下町の拡大とともに整備されていった。（中略）

このほか水戸・小田原・甲府・富山・駿府・名古屋・桑名・鳥取・福山・高松・中津など、城下町の成立期に上水道が設けられている。これらはいずれも城下町から離れた河川池沼から引いている。ひとたび上水

道が引かれると用水は飲料水以外にも利用された。消防のために上水を利用するのは勿論のこと、紺屋・鍛冶屋などの工業用水にも使われ、高級武家の間では庭園用水にも使われた。また末流や分流が灌漑用水に使われた例も多い。上水を引くには開渠と暗渠の両者が取られているが、概括的にいえば元和の頃を境として開渠から暗渠に変わったとされている。江戸では農村部で開渠、都市部に入って暗渠が用いられている。（後略）」

小田原にも上水道があったことを記し、その用途や開渠と暗渠の仕組み等、「早川上水」そのものを説明していると言っても過言ではない。『国史大辞典』の筆者伊藤好一は、『日本史大辞典』でも殆ど同様のことを記し、その冒頭では次のように記している。

「上水　都市や集落へ飲料水を供給する施設の総体をいう。日本では江戸時代初期に生活用水の供給を主目的とする水利施設が初めて設けられたときに、それまでの農業用水施設と区別して上水、または水道という言葉が用いられた。（後略）」

江戸時代になって上水・水道の言葉が用いられたとあり、それ以前に敷設された「早川上水」が、当初「小田原用水」と呼ばれていたことも首肯ける。

国学院大学名誉教授であり文学博士の樋口清之監修、ＮＨＫ出版部のビジュアル百科『江戸事情（全六巻）』の第一巻生活編は、「水」について次のように述べている。

「城下町で水道を用いるようになったのは、天文十四年、小田原が始めである。江戸では神田上水が天正十八年、玉川上水が承応三年（一六五四）に竣工されたので、江戸っ子は水道の水で産湯をつかったことになる」

この記述をお借りすれば、小田原っ子は江戸っ子より早く、戦国時代には水道の水で産湯をつかっていたことになる。

また、インターネットで「小田原早川上水」を検索すると三件が検出できる。

先ず、千葉県君津市の郡《こおり》ダムを紹介したページでは、「灌漑を兼用とした水道では、一五四五（天文十四）年竣工の小田原早川上水（神奈川県）が最も古い」と紹介している。

次いで、神吉和夫氏の「近世城下町の水道の知恵」では、「近世水道の概要」を表にして、天文十四年竣工の「小田原早川上水」を最初に掲げている。

そして、埼玉県杉戸町は、行政情報として、「水道の歴史」を表にしている。ここでは、「小田原早川上水」が世界の水道に期して五位にランクされている。勿論、

小田原早川上水　検索　検索オプション

ダイジェスト | カテゴリ | サイト | **ページ** | ニュース NEW!

ページとの一致（3件中1～3件目）

- 水道の当然
  … 都市名, 都市分類, 施設名称, 竣工年, 水源, 配水域の構造, 目的・用途. 小田原, 城下町, **小田原早川上水**, 1545年, 天文14, 早川, 2, 生活、灌漑. 江戸, 城下町, 神田上水, 1590年, 天正18, 神田川, 2, 生活、灌漑、泉水、水車. …
  http://www.mizu.gr.jp/kikanshi/mizu_12/no12_b03.html

- 郡ダム
  … 給水されている。. 遠方から水を引く。つまり 水道。. 潅漑を兼用した水道では、1545(天文14)年竣工の、**小田原早川上水**.（神奈川県）が古い。. 房総では1870(明治03)年竣工の、大多喜水道がある。. …
  http://www.mmjp.or.jp/lake-champ/seacret0018.htm

- 水道の歴史
  … 1235, 貞永4年, ロンドンに泉水を導入する水道ができる。. 1412, 応永19 年, ドイツ、アウグスブルグで鋳鉄管を使用した水道ができる。. 1545, 天文14年, **小田原早川上水**できる。. 1590, 天正18年, 江戸に神田川上水できる。. …
  http://sugito.japro.net/site/page/contents/administration/info/sugitoadmin/water/others/history/

わが国では最初である。

平成十五年一月、読売新聞の編集手帳氏は、東京・両国の江戸東京博物館を歩いて、「十七世紀から水道があったのはロンドンと江戸だけだった」と記している。小田原では、それ以前の十六世紀には「早川上水」が敷設されていたのである。

[行政情報]

■水道の歴史

杉戸町の水道の歴史です。

西暦	年度	事象
BC312	縄文時代	ローマ水道最初のアピア水路ができる。
1183	寿永2年	パリに泉水を導入する水道ができる。
1235	貞永4年	ロンドンに泉水を導入する水道ができる。
1412	応永19年	ドイツ、アウグスブルグで鋳鉄管を使用した水道ができる。
1545	天文14年	小田原早川上水できる。
1590	天正18年	江戸に神田川上水できる。
1632	寛永9年	金沢辰巳用水できる。
1652	承永元年	ボストンに水道ができる。
1654	承永3年	江戸に玉川上水できる。
1663	寛文3年	水戸笠原上水できる。
1696	元禄9年	水戸に千川上水できる。
1876	明治9年	陶管による横須賀造船所水道ができる。
1886	明治19年	コレラが全国的に流行、死者108, 409人 腸チフス患者66, 224人
1887	明治20年	横浜、わが国初の近代水道により給水開始。
1889	明治22年	函館水道給水開始。
1890	明治23年	秦野水道給水開始。
1891	明治24年	ダムを水源とする長崎市水道完成、給水開始。
1895	明治28年	大阪市水道給水開始(水道条例に基づいた認可第1号)
1896	明治29年	根室水道(給水所5箇所で貯め桝により給水開始)
1898	明治31年	東京市水道給水開始。
1899	明治32年	広島市水道給水開始。
1990	明治33年	リベット鋼管使用の神戸市水道給水開始。
1903	明治36年	東京市淀橋浄水場高濁度時に明ばん使用始まる。
1905	明治38年	岡山市水道給水開始。
1906	明治39年	下館市水道給水開始。
1907	明治40年	佐世保市水道給水開始。
		急速ろ過採用の京都市水道給水開始。

以上、多くが「天文十四年竣工」として「日本最初の水道」を記しているが、「天文十四年以前」が正しい。こうした誤りを糾すためにも当市からも「小田原早川上水」を発信すべきと考える。

ところで、表1〜5を見ると、昭和十一年に『明治以前日本土木史』が「小田原早川上水」を記してから、その後にこれを明記し「日本最古の水道」と記したのは、昭和四十二年の「日本水道史」である。そして、昭和五十年代頃から「小田原早川上水」が注目され、諸書に「日本最古の水道」と記され始めた。

こうして、小田原が「わが国水道発祥の地」を発信するチャンスが熟してきているのである。

3 「日本最古の水道」と「小田原早川上水」の発見者は？

私が、「小田原早川上水」が「日本最古の水道」と、「小田原史談」等で発表し始めた平成十四年頃、中学校の同級生に「お前だけが言っているのではないか？」と、昔馴染みの誼《よしみ》で言われた。

確かに何の実績もない一市民が力んでみたところで、信じて貰える人は限られてくる。そこで、「早川上水」が先人たちにどの様に呼ばれ、説明されているかを調べたのが表1から表5（P.72〜80）である。ほぼ、調べ尽くしたつもりであるが、調査洩れについてはご指導いただければ幸いである。

これらの表から、いろいろなことが見えてくる。

表題の「日本最古の水道」と「小田原早川上水」の発見者について、表1から表5を基に考えた。

『風土記』（P.15）では「小田原北条氏の事績」を記していない。ただ、蓮池が北条時代にあったと記していることから、既に早川上水が敷設されていたことを窺わせているが、江戸時代には、創設年代は判明していなかったと言えよう。明治になっても、郷土史に実績を残した片岡永左衛門も『風土記』の記述に気付かなかったのであろう、固有名詞は「小田原宿水道」である。

そして、昭和二年（一九二七）中島工学博士記念と副題がついた『日本水道史（全二巻）』が刊行されている。先に記した『水道史』とは別である。その第二章上水道、第一節上水道の起源及び発達、1總説、で、次のように記している。

「（前略）本邦に於ける水道の始源は江戸市内に起り、之に續ては水戸、名古屋、鹿児島、仙臺、高松等の地方に普及す、之等の詳細なる事跡に就ては文献の足らざる爲不明の廉多きも次に其大體を記述せんとす」

この時点では、「小田原早川上水」は知られていない。尤もこの頃は「小田原水道」と呼ばれている。

表1（P.72）で、昭和十一年（一九三六）、日本土木学会の『明治以前日本土木史』が、始めて小田原の「早川上水」を記している。

「小田原水道（早川上水）

小田原の西方板橋村に於いて早川より引水し、幹線水路は山角町光圓寺境内を經、東海道の大路を疎通し、東端新宿町に及び、途中沿道の各町に分水して普《あまね》く町民の飲料に供し、末流は江戸門外に出で、左右の蓮池に注ぎ、餘水は灌漑水となる。但し町の北部須藤・竹花方面は土地高く水至らざるを以て堀井を使用せり。

早川上水は近來暗渠に改造せられ、現在尚防火並に町民の雑用に供せらるゝものなれども、施工者及び施工の時期等一切詳《つまびらか》ならず。按ずるに小田原の役に細田勘三郎正時なるもの蓮池にて討死のこと見えたり。當時已《すで》に蓮池の名現はる、を見れば、或は古く北條氏時代［天正十八年（一二五〇）北條氏亡ぶ］の施設なるやも知るべからず。

寛永細目《ママ》（「田」の誤り）譜　正時甲州一亂の後大權現に召出され、井伊兵部少輔直政に屬せらる。小田原陣の時蓮池に於て討死。法名道覽。今按ずるに此役や直政山王笹郭を乘破りしことあり。則池邊なり。正時も此時討死せしなるべし。

其後此池は大久保氏の所領に歸せしも、歴代の藩主本水道を尊重する事敦く、常に修理改善を怠らざりし爲め、現在尚町民の多數は之を利用するを常とし、近年暗渠の改造成り、防火並びに雜用に供せらる」

タイトルに「小田原水道」、（　）書きで「早川上水」を記し、本文は「早川上水」である。昭和十一年以前は「小田原水道」と呼ばれていたが、本文では「早川上水」としており、『風土記』を参考にしていることが明白である。そして、「細田家譜」から「北條氏時代の施設」と推定していることが素晴らしい。

この書籍は、昭和七年十月に結成された「土木学会」の数十名の委員が、地方に残る旧藩士や旧家などの古文書等を訊ねて発掘した史料を元に、四年の歳月を経て完成した、と序文にある。あるいは、小田原に「北条氏の敷設」ではないか？　という伝承めいたものがあったのではないだろうか？

しかし、この書籍は藩政時代の水道を次のように分類できるとしている。

（一）一般飲料に供せる水道

江戸水道	福山水道	赤穂水道	高松水道	中津水道	宇土水道
水戸水道	名古屋水道	鹿児島水道	○尾久島水道	○長崎水道	○大津水道

○久留里水道　○越ヶ濱水道　○神奈川水道　（○印を附せしは私設水道なり）

（二）官公用を主とせる水道

金澤水道　鳥取水道　指宿水道　五稜郭水道　磯集成館水道

（三）灌漑を兼用とせる水道

仙臺水道　静岡水道　佐賀水道　米澤水道　富山水道　福井水道

豊橋水道　小田原水道　花岡水道

これら三種類の水道が、何を根拠に分類されたかは記していない。因みに（一）にある「福山水道」と（三）に分類された「小田原水道」は、全く同じ構造・用途に思える（P.25参照）。

とは言え、「小田原早川上水」を江戸時代の『風土記』以降、最初に記したのは同書である。この『土木史』の編者は、委員長・工學博士田邊朔郎、副委員長・工學博士眞田秀吉、更に水道担当委員として、茂庭忠次郎、小川織三の名がある。ただ、この書籍では「小田原水道」に限らず、殆ど創設年代は記していない。つまり、「東国紀行」（P.13）の文章から、天文十四年（一五四五）以前に小田原に水道が敷設されていたことを推定し、更に、『風土記』の「早川上水」に結び付けたのは誰であろうか？

私の調査に洩れがないとすれば、前項で記した昭和四十二年刊行の『日本水道史』（P.77）となる。ただ、同書では「天文十四年（一五四五）に遡る」と記しながら、『東国紀行』については述べていない。これ以前に『東国紀行』に気付いた人物（書籍）がいるのであろうか？　素晴らしい発見であり、その人物（書籍）を知りたく思う。

更に、この『水道史』では、第一編総説、第二節わが国における近代前の水道、と題して、次のような興味ある論考を記している。

「わが国に水道が始めて布設されたのは天正十八年（一五九〇）と考えられている。同年七月十二日に徳川家康が大久保藤五郎忠行に、江戸の水道を作るべきことを命じている。この時の水道は小石川に水源を求めたものらしく、後の神田上水のもととなったと考えられている。

小石川水道の水源がどこであったか、その給水区域がどの範囲であったか、竣工がいつであったか等については資料が残っていないので判らない。恐らく最初は手近な所の水源で極めて小規模の水道であったろう。これが必要に迫られて逐次拡張して、後の神田上水にまで発展したのではあるまいか。

徳川家康が豊臣秀吉から関東移封を命ぜられたのは小田原攻めの際である。小田原城の落城は天正十八年七月六日《ママ》である。一方「天正日記」には同年七月十二日に大久保藤五郎が家康のもとに呼び出されて、江戸水道のことを命ぜられている。

従って、家康は小田原落城の僅かに六日後に、自分が近く赴任すべき江戸の都市計画の大構想をたて、水道の布設まで考えていたことになる。また家康が江戸に入府したのは天正十八年八月一日となっているから、この計画はすべて自分が直接に現地を見る二十日前にたてたことになる。恐らく家臣の事前調査の報告を基礎として判断を下したものであろう。

ここで注目すべきは、家康の決断の早さと実行の果断さであり、給水をまず考えた進歩性である。

ところで、ここに疑問を生ずるのは「天正日記」には「江戸水道のことうけ玉はる」とあってこの時に既に水道という文字を用いている点である。水道という言葉が水の供給施設として一般に通用したとすれば、その時より以前に水道の施設がどこかに存在していて水道と呼びならわしていたのではあるまいかという疑いが生ずる。また水を暗渠で導く構造をこつ然として、この時に思いついたとも考えられないのである。むしろ天正十八年七月十二日より以前に、どこかで——恐らく家康の領地であった三河、駿河あたりのどこか——小さい水道が作られたことがあり、その便利さが認められていて、これを水道とよんでいたのではあるまいか。（後略）」

この書籍では、第二節で天正十八年「小石川上水」をわが国で始めて敷設された水道としているが、先に記した第三節地方旧水道、第一項で「小田原早川上水」を最古の水道としている。おそらく、二節と三節の執筆担当者は別人であろう。第三節の「早川上水」を知れば、家康は小田原の早川上水を見て、江戸の水道調査を命じたことに気が付かれたであろう。尤も文章のみでは必ずしもそうは言えないかも知れない。『東海道分間延絵図』（P.14・15）で道の中央に描かれていることを知ってこそ、家康が「早川上水」を見て、江戸の水道調査を命じたと言えるのであろう。

また、「水道」という言葉が使われたのは何時頃かと疑問を呈している。『日本史大辞典』は、「江戸時代初期に生活用水の供給を主目的とする水利施設が初めて設けられたときに、それまでの農業用水施設と区別した上水、または水道という言葉が用いられた」としており第一章（P.18）で引用した。しかし、『国史大辞典』で「灌漑用水」を調べると、古代の早い時代に溝や樋の存在が知れ、水路を設けて水を導く方法は極めて早い時代に用いられていたと知れる。従って、京都などでは水道の原形である水路を設けて飲料水を確保することは少なくとも平安時代には用いられ、水道の言葉もかなり早い段階で生まれていたのではないかと考えられる。ただ、「小田原早川上水」を「最古の水道」としたのは、都市計画として多くの市民に供給するための水道として初めて設けたのが、小田原北条氏であると考えているからである。

そして、前述した『土木史』の分類を『日本の上水』(昭和四十五年刊)・『井戸と水道の話』で、①飲用を主とする水道、②灌漑兼用の水道、等と強調した著者堀越正雄が、「東国紀行」(日本最古の水道)と『風土記』(早川上水)を明確に結びつけていると言える。

では、小田原で昭和十一年の『土木史』の記述に気付く人はいなかったのであろうか? それ以前、明治時代は第二章で「小田原用水」・「早川上水」ともに死語であったと記した。明治三十二年(一八九九)刊行の『足柄下郡誌』(表5)は、編纂が函左教育會、発行者兼印刷者大島治郎兵衛(現伊勢治書店ご先祖)・発行所伊勢治書店とあり、教科書として使用されたと言われている。小田原の郷土史では最初のものとも言えるのではないだろうか?

それには、「水道」と題して次のように説明している。

「水道
大窪村板橋より早川の水を引き小田原町の市街に通ずる水道あり」

固有名詞は用いておらず、『風土記』の記述にも気付いていない。昭和十六年七月に刊行された『城下町小田原』(永井福治著・表5)は、「第四章府内の形態」で、次のように記している。

「第三節　水道施設
小田原城下町の西部接屬地たる板橋の西端御塔坂の麓から早川の水を水門式に依って引き入れ、板橋村の北(東海道の北側)を通して小田原町の光圓寺裏を流れて、東海道下を通過して山王口に終ってゐるが、之は現在下水道となってゐる。然し近く迄は小田原府内の飲料水として使用せられてゐたのである。建設の年代は明確ではないが、北條氏時代のものであることは種々なる方面から立證せられてゐる。

小田原に入っては兩側に石垣を築き下側には石を敷き連ねて暗渠とし、實にその長さ約三十町に及ぶ大工事を本水路とし、散在する侍屋敷足輕屋敷に隅なく引水せる頗る廣汎な規模を有するものである。

北條氏は數百年の古にあって都市計画の一部として府内の飲料水供給につき特に意を用ひ、斯る施設を完備したことは民政的價値から云っても相當なものである。」


著者永井福治は、小田原市城内國民學校長とある。

昭和十四年に『城下町小田原』の研究に着手し、文献資料を蒐集し現地踏査をした上に、古老片岡永左衛門の講話を聞き、小田中教諭中野敬次郎氏にご教示をいただき、既に一年余の歳月を費やした。そして、國民學校開校七十年を記念し、紀元二千六百一年の城内に桜満開のときに脱稿できた、と序文に記している。

それだけに、五十頁余の小冊子であるが、小田原北条氏の素晴らしい事績を簡潔明瞭に記している。

右に示した「早川上水」の記述も、現状は下水道であるが近年まで飲料水に用いられていたこと、北条氏によって敷設されたことが「種々に立証されている」とし、その民政面での評価を「相當なもの」と記している。おそらく、「早川上水」は伝承的に貴重な遺構と知られていたのではないだろうか？

『風土記』に「早川上水」の固有名詞が、また、著者が調査を始めた三年前に発刊された『土木史』に、日本の水道が全て江戸時代になって敷設されたことが記されている。このことを知れば、更に違った記述になったであろう。惜しまれる。

次いで、田代亀雄も小田原の年中行事「水道浚」を伝えているが、やはり「早川上水」には気付いていない。

昭和三十九年（一九六四）高橋武一は『とみず子ども風土記』で次のように記している。

「小田原用水

小田原の水道の歴史は非常に古く、市内の板橋で早川から水を取り入れ、旧東海道を流し、町内の飲料水にしました。今でもこの用水は残っていて暗渠（上にふたをして地中に流すこと）に改造され、防火や雑用に使われています」

昭和五十二年（一九七七）立木望隆・三津木国輝共著『あるく箱根・小田原』は、次のように記している。

「北条用水取入口

地蔵尊の西、国道一号線との合流点先の大松の下にある。小田原の古水道は、後北条氏時代に作られ、昔の小田原城下での飲用水として使われていたものといわれている。この地で早川の水を取り入れ、板橋部落は街道（旧東海道）の人家の北裏側を開渠で通し、板橋見付から暗渠となる。これより旧東海道を東に流れ、新宿町を通り江戸口見付門外蓮池に流れた。

後北条氏の事業として、このような大規模の水道工事がなされたことは、日本の土木史の一頁に大きな事績として残っている。昭和三十一年、市内電車撤去による国道の大改修によって、やや形は変わったが、今もこの用水は残っている。なお近年道路工事中に、江戸時代のものと推定される分水木管が発見され、その一部が市立郷土文化館に展示されている」

小田原北条氏の大規模な水道工事と認めていながら、『風土記』の「早川上水」に気付かなかったのであろう、「北条用水」と名付けた意味も理解できるが惜しまれる。更に、他地の水道が江戸時代に敷設されていることを知れば、「わが国最古の水道」と気付かれた筈…、既に『日本の上水』で『東国紀行』と『風土記』が結びつけられているのである。重ね重ね惜しまれるが、表題に「北条用水」としながら、「小田原の古水道は…」としているところに、説明の不自然さを感じさせられ残念である。

次いで、表3から、当地で初めて「早川上水」を記したのは、『土木史』発刊四十四年後の昭和五十五年（一九八〇）、古新宿（現浜町第十六区自治会）の人たちである。

『専漁の村（古新宿村史）』は、「古新宿風土記」の項で、次のように記している。

「二、早川上水

西方の板橋村で早川を分水して山角町の光円寺境内を通り東海道の大路を東え疎通《そつう》して鍋町《なべちょう》、新宿から山王原手前の江戸口の左右にある池に流し入れる、是を蓮池と呼んだ、此の上水を府内の

『専漁の村』と編集者

町々に引き分けて飲み水とした」

『風土記』の「早川上水」を参考にしているのであろうか？　この発刊一年後くらいして、「早川上水跡」碑を建立したと言われている。水の大切さ、早川上水を敷設した先人たちの事績に注目していたのであろう。編集に携わった人たちに次の十四名が記されている。

陌間次郎・吉田芋太郎・杉山有一・田代兼太郎・川瀬靖元・菊地勝夫・田中勝治・石黒省二・加藤徹・森豊樹・小野光義・中田文次郎・鈴木誠一・陌間考二

更に、四年後の同六十年（一六八五）、西さがみ庶民史録の会も『西さがみ庶民史録第十号』（以下『庶民史録』と略す）も、「足柄騒擾事件」調査報告の冒頭に「早川上水」を記している。

「足柄下郡小田原町（現小田原市）は、明治以前から早川の流水を大窪村（現小田原市）板橋から取水し、飲用上水道（早川上水）としていました。しかし、これは流水を堰堤により引用しただけのもので、浄化装置もなく、衛生上からも問題がありました。（後略）」

こうして見ると、『専漁の村』・『庶民史録』ともに、「早川上水」を記しているが、「日本最古の水道」には気付かなかった。ただ、昭和五十五年から六十年頃、「早川上水」と呼ばれていたことが窺える。

『土木史』刊行後、実に五十年近くが経過している。

そして、昭和六十一年当市水道部発行の『おだわらの水（小田原水道五十年史）』は、「小田原用水」として、序章冒頭に記した『広報小田原』が引用した「炭と砂で濾過して用いた」（出典が判明しない）等を記している。更に『風土記』の「早川上水」説明文を引用しながら、故意に「早川上水」を抹消している。おそらく、この頃、板橋の「上水取入口」に「小田原用水」とした説明板も立てられたのではないだろうか？　同説明文は、先の「北条用水」説明文を引用している。あるいは、この頃「御引渡記録」の「小田原用水之事」に気付き、地元で水道の役目を終えた「早川上水」を「用水」と言っていることから、「小田原用水」とされたのではないだろうか？　「小田原用水」は上水・水道の言葉が浸透していなかった時代に、「上水・水道」の意味で用いられたことは既述した。

以上、近代になって「小田原早川上水」を紹介した『土木史』と、小田原で「早川上水」を記し、「早川上水跡」碑をも建立した古新宿（現浜町）の人たちは賞されて良い。

では、小田原で「最古の水道」発見者は？　というと、曖昧な表現ではあったが『広報小田原』の執筆者となるのであろうか？　因みに、『水道五十年史』は、『東国紀行』も引用しながら、「水道」ではなく「用水」とし、諸説があるとしてしまった。

（閑話休題）**水道浚えと年中行事**

明治二十一年（一八八八）、植田又兵衛たちは松原神社内に事務所を設け、「生命《いのち》の水」である小田原水道を護り、分水事件を落着させた。更に、近代小田原水道の敷設を議決させ、私たちが日頃、何不自由なく使用している小田原水道の礎を築いた。これを記した『明治小田原町誌』の著者片岡永左衛門は、後年「駅鈴余韻」の中で、「明治維新以前の小田原の年中行事」と題して、「水道浚」記している。

「水道浚は此の月（六月）なるも、日限は其の年の都合にて何日と定らず。昔は鑿井《さくせい》の技術は幼稚なるのみならず、費用も多き爲め、水道の在るは山角町、筋違橋、欄干橋、中宿、本町、宮前、高梨町、萬町、新宿、茶畑、代官町、千度小路、古新宿、青物町、壹町田、臺宿町は掘抜は勿論掘井戸も甚だ少く、多くは水道より引水し飲用となしたるも、各家にて引用することは不可能にて、共用する家多く、家前の道路に設け使用し、壹戸にて家中に引入れて、専用を許可さる丶は容易の事に非ず。井戸の個數も確定して、増加などは殆ど許さず。位置の變更にも其の筋の許可を要し、水道の漏水に就きては嚴重に取締り、町奉行附の小奉行は常に巡視し、水上にても自儘の使用を許さず、水車等の引水も慣行の外はなさしめざれば、水尻の新宿、古新宿にても相應の水量はありたるに、廢藩後は取締りは弛緩し、巡廻して引水を注意する者無く、水上にては自由に使用し、水車をも増設し、各家の引用にも個數の井戸、水溜を装置し、其の上にも腐敗するなど、、水尻を溝に放流するもあり、水下は常に水に不自由し、水道も干揚りて苦情百出し、遂に明治廿壹年の渇水には爆發して、板橋村と水論を生じ、郡長の不信任を決議したる騒動をも引起したるが、藩政時代には人夫は宿の負擔なるも、水道蓋は領主から下渡され、松板の厚さも貳寸、巾は壹尺より尺貳三寸位にて、水道蓋として地中に埋むは惜しき程なりしに、其の後は蓋も町費となり、品質は彌々下りて丸太となれり。當時の本町名主の御用留には、」

として、P. 33⑮水道樋蓋の付け替えと、P. 34⑰表井戸の移設願い二通の文書を示し、更に、「以下の貳通は、水道浚見廻に差出したる請書と、洩水に對する達書なり」として、P. 35⑱請書と⑲達書の、いずれも「水道」を記した古文書四点を例示している。

そして、永左衛門と親交の深かった田代亀雄も、著書『小田原歳時記』（昭和十八年刊）に残している。

「六月　和名を水無月《みなづき》という
水道浚え
日は決まらず。水道のあったのは、山角町、筋違橋、欄干橋、中宿、本町、宮の前、高梨町、万町、新宿、茶畑、代官町、千度小路、古新宿、青物町、一丁田、台宿町であった。堀抜きは勿論堀井戸など甚だ少なく、大概は水道から引き水して飲料とした。けれど共用する者多く、家の前の道傍に設けて使用し、一戸だけ引き入れての専用は許可容易のことではなかった。井戸の個数、位置の変更にも其の筋の許可を要し、水道の水洩れに就いては厳重に取り締り、町奉行附の小奉行は常に巡視し、水上だからとて自侭に使用し、水車は増設し、各家は勝手に水溜めをつくるのみか、腐敗した水を流すなど、水下は不自由と苦情百出した。遂に明治廿一年の渇水には、この不満が爆発して、板橋村と水論を生じて、郡長の不信任とまでなったのである。
また藩政時代には、人夫は宿の負担だったが、水道蓋は領主から下げ渡され、松板の厚さ二寸、幅一尺から尺二三寸もの見ごとなものであった」

右は、片岡文書を引用しての文章と知れるが、同書発行の昭和十八年頃の「早川上水」は名実ともに「用水」となっていた。筆者の田代亀雄は、「水道」として使用されていたことを、後世に伝えたかったのであろう。また、永左衛門同様、「水道浚え」の年中行事も伝えたかったのであろう。

今年、平成十六年一月号の『小田原史談』は、新年に伝えられていた小田原の行事を特集した。

次に示す私の一文も掲載された。

元旦の朝、若水を汲む

「大正十五年一月一日
六時すこし過ぎに起き出で　若水をくみ　洗面　供養　礼拝。皆々をうちつれて初日出《はつひので》拝みに海岸に行く　時刻丁度よく立派なる初日を拝み　数日このかたの望みとげられてうれしさに心勇む。帰りて一同十二畳にてお屠蘇お雑煮祝ふ　昨夜より準備整へたることとて何の手数もなくお膳整ふ　ご近所六軒へ御年賀の挨拶にゆく。それより直ちに二宮神社と松原神社に詣づ　一旦帰宅。一同十人にて益田さんにお年首にゆく　帰途海蔵寺と早川の観音様とに詣づ　黄昏《こうこん》帰宅　空腹をかかへて帰る　夕食　一同つかれはてて七時頃床に入る。のどかなる初日出《はつひので》を拝み　二つの神社と二つのお寺とに詣で　ご近所へご挨拶もすませて　おだやかな一日はくれた　平和に徐々に発展すべき一年の幸先陸離《りくり》たる心地してうれしさいとど深し」

◆近藤道生《みちたか》著『平心庵日記』（角川書店刊）。著者は小田原の開業医平心庵（近藤外巻《とまき》）の長男である。◆邪気を払う若水をくみ、心待ちにした初明かりに手を合わせる。簡潔な数行が元旦を迎えた心の弾み、清浄な朝の冷気をも伝えている。漢文の素養あってだろうが、昔の人は端正な文章を書いたものである。

若水汲みの絵図（『温古万年行事』収載より）

○◆印は、読売新聞「編集手帳」の評である。

◇『絵本江戸風俗往来』は、次のように記している。

「正月（中略）明けの鶏一聲に舊を除き、萬戸《ばんこ》さらに新《あらた》まる、若水を汲み上ぐるを、今年の事始めとなす。若水　例年正月元日早天に、初めて若水とて井水《せいすい》を汲み、その水にて雑煮をととのえ福茶を煮ること、上下貧富の別なく皆同じ。この若水を汲める手桶も、新調して輪飾りをかけ、今年の恵方《えほう》に向いて水を汲む。中にも家々の舊式ありて年々失うことなし。また神社等には古式自ら備わりていと嚴格に擧行せらるとかや。總じて元日は空も麗らかに遠近静謐《せいひつ》にして、若水汲める頃明けの烏告げ渡り、初鶏の聲相聞こえて東天紅《とうてん》《こう》の光景《ありさま》、今少し以前までも雑踏《ざっとう》せし町々も静まり、心にさわることもなく、勤めの役とて煩《うるさ》しと思う心なく、新年の祝詞相互いに自《おのずか》ら出づるも目出度かりける、大江戸の新禧《しんき》にこそ（後略）」

◇水は生物にとって絶対に欠かせない。昔はその日に必要な水を貯えることが、その日、一番最初の仕事であったという。若水を汲む記録は平安時代には見え、立春の早朝、恵方（生気方）の水を汲み、朝廷に奉ったのが本来の姿であった。この儀礼が庶民の生活に伝承され、室町時代頃から正月元日に行われるのが一般習俗となり全国に定着した。元日の若水に一年の邪気を除く効能があると信じられ尊重されたからである。宗教とは異なる信仰文化であり精神文化とも言える。江戸時代は「上下貧富の別なく皆同じ」が、良い《い》。

◇水道の蛇口をひねれば簡単に水が得られる。千年近く続いた正月の儀礼が、文明の進歩と引替えに急速に消滅してしまった。私の生家も私が子供の頃は井戸であったが手漕ぎポンプであった。同じ井戸でもポンプでは、「若水を汲む」風習には馴染まなかったのであろうか？　我が家にその儀礼は伝わらなかった。

◇平心庵日記は、前年の元旦も「若水をくみ　洗面　供養　礼拝」を記している。大正時代の平心庵宅は釣瓶井戸だったのだろうか？　それとも、茶道家ゆえに伝承されていたのだろうか？

◇ゆったりとした時の流れのなかに、新年を迎えた慶びが伝わる。正月に限らず、季節の移りを忘れ勝ちに過ごしている生活を考えさせられた。

「水道浚え」は、隣近所の人たちが協力して行い、お互いの信頼関係をより深めていた行事であったろう。「若水を汲む」は、それぞれの家庭に伝わった伝承である。こうした文化を、歴史を繙くことにより先人に思いを馳せ、後世に伝えてゆく。これも、今を生きる私たちの使命とも言えるであろう。

第四章　「小田原早川上水」を考える

全国版書籍に「日本最古の水道」と記されていながら、小田原市民に「早川上水」は殆ど知られていない。

では、「小田原用水」は？　と問いかけてもやはり、知らない人が圧倒的に多い。

私は、小田原に生まれ育って六十余年、漠然と板橋お塔坂下に何かそれらしきものがあるのを耳にしてはいたが、序章に示した平成十一年の『広報小田原』の「小田原用水の復元」記事を読むまで、「小田原用水」を全く知らなかった。それは何故なのか？

一つには、「小田原用水」と言われても、興味（魅力）を感じないのではないだろうか？

古新宿（現浜町）の先輩たちは『専漁の村（古新宿村史）』で「早川上水」を記し、「早川上水跡」の木柱碑を建立し、後輩の私たちに伝えてくれていた。恥ずかしい話だが、私は「小田原用水」を調べて始めて「早川上水」と言われたことを知らされ、かなり経過してからこの「早川上水跡」碑に気がついた。

この古新宿の先輩たちの郷土愛に報いるためにも、「小田原用水」で良いのか？「早川上水」とすべきなのか？　明らかにしなければならないと思う。

1　「小田原用水取入口」説明板を考える

小田原用水取入口説明板

小田原用水取入口

小田原用水は、この地で早川の水を取り入れ、板橋村は街道（旧東海道）の人家の北側を通し、板橋見付から旧東海道を東に流れ、新宿町を通り江戸口見付門外蓮池に流れた。小田原古水道は後北条氏時代に作られ、小田原城下御府内町々に引き分けて飲用に供したものである。後北条氏の事業として、このような大規模の水道施設工事がなされたことに日本の水道施設の中では、最も古い施設の中に入ると思われ、日本の土木史の一頁に大きな事蹟として残っている。その後、上水道から下水道と姿をかえ、昭和三十一年市内電車撤去による国道大改修によってさらに形は変ったが、今日なお用水は残っている。

なお、近年道路工事中に江戸時代のものと推定される分水木管が発見され、その一部が市立郷土文化館に保管されている。

現在、板橋お塔坂下の早川上水取入口に、「小田原用水取入口」と題した右に示す説明板がある。

この内、傍点を付したが、「小田原用水は…」と、「小田原古水道は…」と説明しており、紛らわしいというより初めて読む人は、「小田原用水」と「小田原古水道」が別にあると思われるだろう。

説明板作製当時、「用水」を「早川上水」とすべき意見もあり、両者を考慮しての文章となったとも言われ、簡明な文章とは言い難い。

また、この説明板には作成年月も、作成箇所名（支柱に「小田原市」とある）も記されておらず、何時何課が建立したかは判明しない。ただ、文中に昭和三十一年（一九五六）が記され、更に傍線を付した「小田原古水道」以下の文章が、同五十二年（一九七七）刊行の『あるく箱根・小田原』（P.92）に記された「北条用水取入口」と、同文であることから、同年以降の建立ということになろう。

そうしたことは兎も角、「小田原用水」という言葉に殆どの人が魅力を感じないのではなかろうか？　この説明板に興味を持つ人は極めて少ないのではないだろうか？

平成十四年に刊行された『ビジュアル・ワイド江戸時代館』（P.79）は、「小田原早川上水」をわが国最古の水道と記している。そして、「玉川上水取入口」（東京）や「辰巳用水」（金沢）などの写真資料等を収載しているが、「早川上水」に関する資料はない。全国版書籍で、言葉で「最古の水道」が記されても、当市が「早川上水」を発信しない限り、現存する遺構が紹介されることはないであろう。おそらく、「日本最古の水道」を記した前章の著名な学者や出版社も、小田原に「早川上水」の遺構があることは全くご存知ではないと思う。このままでは、子供たちが全国版書籍で「小田原早川上水」を勉強しても、「小田原用水」には繋がらないのである。

地元大窪地区の住民に、「説明板を早川上水として整備し直して欲しい」という声もある。この際、「早川上水取入口」として説明板を書き改め、市民・行政が一体となって、全国に「わが国最古の水道」を発信することを願ってやまない。

2　誤解を招く「小田原用水」

第一章で述べてきたように、「小田原早川上水」は小田原北条氏の画期的な事績であり、「日本最古の水道」であることは、これまでの史料等で間違いない。

平成十三年五月、「小田原市政策総合研究所」（以下「政策研究所」と略す）から、『小田原スタディ』という小田原の町づくりの研究紀要が発表された。それには、「小田原用水ルネッサンス」と称して「用水網」を整備し、「用水マップ」を作成、子供たちには「用水探偵団」になってもらうという。

ここでは「日本最古の水道」も「小田原北条氏の事績」も二の次になってしまった。

平成十四年一月一日付神奈川新聞に、「小田原用水のモデル復元」という記事が掲載された。

「小田原市本町にかつて生活用水として利用されていた小田原用水が、モデル復元される。玉石を積み上げる昔ながらの方式で、用水の前の歩道には柳の木などを植栽し、江戸時代の城下町の風情をよみがえらせる。

完成は二〇〇二年三月末を予定している。

復元されるのは、昨年九月オープンした「小田原宿なりわい交流館角吉」前の市道で、歩道（幅四・三メートル、長さ二三・二メートル）の設置工事に伴って市が整備する。工事は一月から行われる。

モデル用水の規模は、長さ十メートル、幅七十センチで、深さは二十センチ程度になる見込み。用水前の歩道は脱色アスファルトを使って自然な感じを出すほか、わきには高木として柳の木を植え、そのそばに植えられる低木とを組み合わせる。「なりわい交流館」と歩道とは石橋で結ぶ。歩道と合わせた事業費は千百万円。

暫定的なモデル用水のため、用水の水は閉鎖方式で、ポンプを設置して用水の中を循環させる。汚れた場合には水を入れ替える。市民や観光客の休憩所・観光案内スポットとしてオープンした「なりわい交流館」には、一日平均百人を超える来館者がおり、小田原城を中心とする観光回遊ルートの核となりつつある。市はモデル用水を復元することによって新たな誘客を期待している。

小田原用水の歴史は全国的にも古く、同市の自治体シンクタンク・政策総合研究所では「親水空間としての魅力を体感するプロジェ

小田原用水モデル復元へ
城下町の風情現代に

小田原市本町にかつて生活用水として利用されていた小田原用水が、モデル復元される。玉石を積み上げる昔ながらの方式で、用水の前の歩道には柳の木なども植栽し、江戸時代の城下町の風情をよみがえらせる。完成は二〇〇二年三月末を予定している。

（栄　裕之）

小田原用水のモデルが復元される「小田原宿なりわい交流館角吉」前
＝小田原市本町

観光回遊ルート核に
柳の木など植栽
3月末の完成を予定

復元されるのは、昨年九月にオープンした「小田原宿なりわい交流館角吉」前の市道で、歩道（幅四・三メートル、長さ二三・二メートル）の設置工事に伴って市が整備する。工事は一月から行われる。

モデル用水の規模は、長さ十メートル、幅七十センチで、深さは二十センチ程度になる見込み。用水前の歩道は脱色アスファルトを使って自然な感じを出すほか、わきには高木として柳の木を植え、そのそばに植えられる低木とを組み合わせる。「なりわい交流館」と歩道とは石橋で結ぶ。歩道と合わせた事業費は千百万円。

暫定的なモデル用水のため、用水の水は閉鎖方式で、ポンプを設置して用水の中を循環させる。汚れた場合には水を入れ替える。

市民や観光客の休憩所・観光案内スポットとしてオープンした「なりわい交流館」には、一日平均百人を超える来館者がおり、小田原城を中心とする観光回遊ルートの核となりつつある。市はモデル用水を復元することによって新たな誘客を期待している。

小田原用水の歴史は全国的にも古く、同市の自治体シンクタンク・政策総合研究所では「親水空間としての魅力を体感するプロジェクトを立ち上げる」ことを求める「小田原用水リネッサンス」を提案している。

一方、「なりわい交流館」前の市道での本格的な小田原用水復元は、「小田原用水を活用したせせらぎをつくる」事業として電柱の地中化や歩車道の整備とともに同市が完成を目指している。

現在、地元住民で組織する「宮之前高梨町せせらぎ自主的景観研究会」などと話し合いを進めており、市では「住民の理解を得ながら事業を進めていきたい」と話している。

平成14年1月1日付神奈川新聞

クトを立ち上げる」ことを求める「小田原用水ルネッサンス」を提案している。

一方、「なりわい交流館」前の市道での本格的な小田原用水復元は、「小田原用水を活用したせせらぎをつくる」事業として電柱の地中化や歩車道の整備とともに同市が完成を目指している。現在、地元住民で組織する「宮之前高梨町せせらぎ自主的景観研究会」などと話し合いを進めており、市では「住民の理解を得ながら事業を進めていきたい」と話している」

この記事には、「日本最古の水道」も「小田原北条氏の事績」も全く記されていない。序章に示した都市計画課が広報に発表（P. 9）した歴史的部分の記述は全くない。おそらく、「政策研究所」を取材しての記事であろう。

私の論考の殆どは西相模歴史研究会（内田清会長）で発表し、先生方の御指導をいただいた上で文章化、『小田原史談』や「きらめき☆小田原塾」で発表してきた。同会での「早川上水」に関するご指導は、観光を目的にするならば「小田原」地名のない「早川上水」は如何か？　という意見はあったが、日本最古の「上水・水道」に異論はなかった。

小田原の歴史を知らないであろう「政策研究所」は、「小田原用水」から「上水・水道」ではなく「用水」と理解したのであろう。「小田原用水」と言えば当たり前の話である。これでは、「日本最古の水道」が抹消される神奈川新聞の記事も当然である。

私は、次に示す一文を、『小田原史談』一八九（平成十四年三月）号に発表した。

「小田原用水の復元」では小田原の歴史が曲げられ、北条氏の事績が消される！

平成十四年一月一日付神奈川新聞に、「小田原用水モデル復元へ」という記事が掲載されました。この記事には、「日本最古の水道」はもとより、小田原北条氏の事績であることも全く記されていません。私は、昨年の史談三・七月号で、これは「早川上水」とするべきではないかと提案、当市へも提言を試み、「小田原用水」では表題のような心配がある旨を再三提言してきました。その心配が現実となって示されたと言えます。そして、「史談」十月号で昔から「小田原用水」であったという地元宮前町の方の意見を掲載したところ、読者からご意見が寄せられました。

「この方は『用水』を小田原方言と言われていますが、それはおかしい。終戦後は、早川上水は水道としての役目を終え、文字通り『用水』となっていたのです。貴方が史料で示されたように小田原用水→早川上水→小田原水道と呼称変化してきて、近代水道が敷設されてからは再び『用水』と呼ばれていたのです。従って、地元の人たちは自分が育った時の言葉で『用水』と言っているのです。こうした歴史を考えれば、「早川上水」という呼び名が最もふさわしいと思います」

私は、先日改めて板橋見附の光円寺を出発点に清流を遡って、お塔坂下の上水取入口まで歩いてきました。その際、地元の人から板橋ではこの流れを「用水」と言っていたが、「早川上水」とすべき意見もあり、取入口の説明板は両方の意見を入れての文章（P.102）になった、と聞かされました。

『風土記』は開渠であった板橋村では「小田原用水」と記され、『延絵図』の下流には水車も描かれており、江戸時代中期までは一貫して小田原用水であることは承知しています。しかし、小田原宿へ入ってからは暗渠となり「早川上水」と命名され一般的には「水道」と呼ばれています。それは、本町の御用留や日記・紀行文等に「水道」と記され歴史的事実と言えます。各宿場の参勤交代大名の宿泊数を調べ、小田原宿が日本一であることを立証すべく研究されている方、また、小田原俳壇の隆盛を調べている人は、酒匂川の川留等で当地に長逗留する文人墨客も多く、江戸文化は最も早く小田原に伝わったと言われます。江戸で上水・水道の言葉が生まれると、その情報は直ちに小田原に伝わり、「上水・水道」と呼ばれたことは容易に推定できます。

宮前町の人たちは、板橋村で「用水」と呼ばれていたことと、近代水道敷設後の水道の役目を終えての「用水」を混同し、昔から「用水」であったと思い込んでいるのではないでしょうか。

昨夏、私は歴史研究会の仲間と南町の七五才になられるS氏に昔話をお伺いしたところ、固有名詞はもとより「早川上水」が飲料水に用いられていたこともご存じではなかった。彼の生まれ育った頃、家には既に堀抜き井戸が二つもあり、「用水」の清掃日（水道浚）には魚を手掴みで取ることが何よりの楽しみであったと言われます。

小田原の近代水道敷設は、明治二十四年（一八九一）に議決されますが、いざとなると設置反対の声に、完成するのは昭和十一年（一九三六）と、大幅な遅れとなった。この間、コレラの流行や井戸掘技術の進歩があり、自衛手段としての井戸設置が急増し、近代水道敷設以前（大正・昭和初期）に早川上水は水道としての役目を終え、「用水」と呼ばれていたものと推定できます。

新聞記事によると、当市は「小田原用水プロジェクト」なるものを立ち上げ、本格的小田原用水を復元するという。本格的（?）小田原用水とは何を言っているのでしょう。小田原宿内の早川上水は江戸時代には暗渠となり、『延絵図』の現南町一帯には埋樋が描かれ、昭和四十九年には栄町一丁目からも木樋が発掘されています。

萩や津和野その他の地域に見られる用水とは全く異なり、元禄時代以降の古文書は殆ど「水道」と記しています。「用水の復元」では、全く歴史がねじ曲げられるといっても過言ではないでしょう。観光施設として

「せせらぎ」を復元することに私は異を唱えるつもりはありません。しかし、これを『風土記』が記す「早川上水」として、日本最古の水道で、小田原北条氏の素晴らしい事績であることが知らされなければ、一市民として断固反対せざるを得ません。先人の時代に応じた正確な言葉使いを学ぼうではありませんか。

古新宿（現浜町四丁目）の角には、第十六区自治会による「早川上水跡」の木柱碑も建てられています。

今も早川の上水取入口は昔の姿を偲ばせています。そこに立つと、五・六〇メートル先の本瀬との分水地点は高い方に水が流れているような錯覚さえ感じさせられます。この清流を辿り東海道をくぐり、光円寺で再度地下に吸い込まれていく様子を子供たちに見せれば、私たち祖先の素晴らしい事績を教えることが出来、用水・上水・水道の言葉の勉強にもなる生きた教材と言えます。これまで、こうした素晴らしい遺産が余り注目されていないことに驚かされますが、この際、市民に再確認していただき、誇りにしたく念願しております。

最後に私が「早川上水」に拘わるのは『日本の上水』『井戸と水道の話』等の本で、「小田原早川上水」を「日本最古の水道」と記しながら、飲料水が主ではなく堀に引水するのが目的であるとして、日本最初の飲用を主とした水道は、「神田上水」としているからです。現に飯泉の取水堰では、「神田上水が日本最初の飲用を主とした水道である」という資料が、見学者に配られていたことを私の講演を聴いたご婦人から知らされました。これに反論するには「小田原用水」では飲料水が主目的であったことを言い難いからです。先人の時代に応じた正確な言葉使いを学び、正しい歴史を伝えようではありませんか（二〇〇二年三月記）。

最後に記した「飯泉の取水堰」（神奈川県内広域水道企業団飯泉取水管理事務所）での資料を、ファックスでお送りいただいた方は、水の環境保護に関心をお持ちの岩城葉子様からの情報でした。彼女は、私に取水堰で「日本最初の水道は『神田上水』と説明されました」と言われました。しかし、お送りいただいた資料は、「日本で最初の飲料を主とした水道は神田上水」と、正確?に記している。

3　小田原史談会の陳情書

平成十五年四月十一日、小田原市教育委員会教育長宛、小田原史談会会長山口一夫氏から、次に示す陳情書が提出されました。

「早川上水」を小田原市の史跡指定とする陳情書

平成十五年四月十一日

日本最古の水道と言われる「早川上水」は、当市では様々な呼称が用いられています。

資料1の（A）欄は、書かれた当時の名称で小田原宿では時代と共に、小田原用水↓早川上水↓小田原水道と変化してきたことが知れます。（B）（C）欄は、当市郷土史を愛好する人の著述と、当市著作物の表記ですが、混乱の様子が見られます。

また、インターネットで「早川上水」を検索する（資料2―1）と、3件の検出ができ、いずれも当市以外の資料です。この内の「水道の歴史」（埼玉県杉戸町行政資料）を検出すると、日本最古の水道が知れます（資料2―2）。他の2件もほぼ同様の資料を示し、日本最初の水道を記しています。

次に、「小田原用水」を検索すると八三件中の二五件が検出でき、殆どが当市からの発信（資料3）ですが、固有名詞のみで「日本最古の水道」は全くと言って良いほど記していません。

資料1の（D）欄に示した全国版書籍も、全て「小田原早川上水」を用い「日本最古の水道」を記しています。資料4は、最新刊（平成十四年十二月）の「江戸時代館（竹内誠＝江戸東京博物館長）監修」で、小田原早川上水をわが国最初の上水道と記しています。従って、早川取水口の写真も当然ここに掲載されてよいと思われますが、「小田原用水取入口」では収載されることはないでしょう。

こうしたことから、下記事項が考えられ、ご審議くださいますようお願い申し上げます。

一、「早川上水」は、小田原北条氏の治世時代である天文十四年（一五四五）以前に敷設されていたことが確認でき、貴重な文化財であることを市民および全国に知らせて欲しい。

二、「早川上水の敷設」を、北条氏の小田原城下町づくりの一環として捉え「関東一繁栄した町」であったことを伝えるべく、次のようなことが考えられます。

（1）「早川上水を利用した城下町づくり」を発信し、現在の町づくりに結び付ければ、市内の活性化に役立つものと考えます。

（2）小田原合戦に参加した各地の大名が、「早川上水」を参考にしたことを思い（資料5）、そうした地域との連携行事も考えられます。例えば、該当市町と上水道文化の啓発構想も思い浮かびます。小・中学生の相互訪問、特産物（地酒「早川上水」等）の販売等の着想です。

（3）水文化の情報交換を考えます。「わが国初めての上水道小田原」の特色を生かす町づくりを市民に呼びかけ、認識を深めていくことが大切なことと思います。

三、この「早川上水」は、現在も四五〇有余年の悠久の時を刻み、板橋地区にその流れを伝え、昔の姿を偲ぶことができます（資料6参照）。お塔坂下早川取水口から光円寺地暗渠入口までの小川を、「早川上水」として「小田原の史跡」に指定されることも、当該地域（板橋地区）はもとより、小田原市の活性化に繋がるものと考えます。

地元の城南中学校生のTさんは、「日本最古の水道・早川上水を毎日のように見ている私たちは幸せだと感じました。昔の人も私と同じようにこの川を見ていたのだと思うと、何だか嬉しくなりました」と記しています。昨年十一月の中央教育審議会の教育基本法改正中間報告では「郷土や国を愛する心」が理念に盛られています。史跡指定が困難であるならば、行政・地域住民（自治会）・文化団体等が連携して、先述した事項、あるいはその他考えられる「日本最古の水道・早川上水」を当市からも発信されるよう、教育長のお力添えをお願い申し上げます。

資料説明

資料1　A・表1（P.72）、B・表2（P.73）、C・表3（P.73）、D・表4（P.76）を一表にまとめた。

資料2　2―1（P.82）、2―2（P.83）

資料3　インターネットで「小田原用水」を検索、二五件が検索でき殆どが当市からの発信であるが、単語のみで説明が少なく、北条氏の事績や日本最古の水道の記載はない（割愛）。

資料4　小田原早川上水をわが国最初の上水道と記し、玉川上水等各地の水道の資料写真を掲載しているが、小田原早川上水の資料は掲載されていない（割愛）。

資料5　東海道分間延絵図（P.15）

五ヶ月後の平成十五年八月末、回答書と文化財保護委員会の見解が小田原史談会に届いた。

「早川上水」を小田原市の史跡指定とする陳情書について（回答）

平成十五年八月二十日

小田原市教育委員会教育長　江島　紘

残暑の候、貴殿におかれましては、ますます御清祥のこととお喜び申し上げます。

また、日ごろより、文化財行政につきまして、御理解、御協力を賜り心より感謝申し上げます。さて、平成十五年四月十一日付けで提出されました「「早川上水」を小田原市の史跡指定とする陳情書」につきましては、去る六月二十六日開催いたしました文化財保護委員会に協議事項として提出し見解を求め、慎重審議の結果、見解が示されましたので、次のとおり回答させていただきます。

今般、提出されました陳情書については、呼称の基本を「早川上水」と位置づけたうえで、種々の活用方法等御提案がされております。しかしながら、その呼称については、現在のところ、文献上「小田原用水」か「早川上水」か、どちらが適正かということの判断できる良質の史料はなく、このことを踏まえたうえで、疎水施設の呼称につきましては、地元小田原では伝承として小田原用水の呼称で親しまれているとの委員会での見解を尊重したいと考えております。

また、史跡指定についても委員会の見解にあるように、現在残されている板橋地域の用水も度々の大地震によって破壊され、江戸時代の遺構を確認することは難しく、したがって、史跡の指定にはなじまないものと考えます。なお、貴会よりご指摘がありました、現存する板橋の用水の流れは、本市においても貴重な歴史的遺産でありますことから、今後、景観的、観光的要素を活かした施策の展開について、関係所管に働きかけてまいりたいと思います。

以上のとおりでありますが、一般的に歴史上の解釈は多くの方が研究され、その見解を発表し、それをもとに議論が起こり検証され定着していくものと理解しております。今後、貴会におかれましてもますます研究を深められることを期待いたしますとともに、教育委員会としても、そうした活動に対し協力をしてまいりたいと存じますので、よろしくお願い申し上げます。

「早川上水」を小田原市の史跡指定とする陳情書の見解

平成十五年八月四日

小田原市文化財保護委員会委員長　松島義章

本陳情書における「早川上水」としての呼称等についての見解は次のとおりであります。

江戸時代を通じて、小田原府内十七町の飲料水として活用された小田原城下の水道は、諸書に小田原北条氏二代氏綱の時代に造るとあるが、文献もなく確証を得ることはできません。一方、三代氏康時代の天文十四年（一五四五）谷宗牧の東国紀行に、早川の水が小田原城に通水していたことが記載されており城下に水道の原型があったと推定することができます。この疎水施設の呼称については、地元小田原では伝承として「小田原用水」の呼称で親しまれており、ほかに「北条用水」、「早川用水」、「板橋用水」、「小田原水道」、「早川上水」などと呼ばれていますが、疎水の総称であります古称としての「小田原用水」が慣用語となっているようであります。

また、小田原の古水道であります通称「小田原用水」の位置については絵図などから確認することはできますが、現在残されている板橋地域の用水も度々の大地震によって破壊され、江戸時代までさかのぼる遺構を確認することは難しく、したがって史跡として指定することはなじまないと判断いたします。

いずれにしても、わが国初めての上水道として紹介される報告例もあり、その位置付けは高いものと思慮され、新たな事実が確認されることを期待するものであります。

以上の回答書と委員会の見解を拝読して、小田原史談会は私を担当委員として、次の一文を『小田原史談第一九七（平成十六年三月）号』に掲載していただいた。

回答書を拝読して

議事録も拝見した上で、委員会の見解を尊重するという回答書に疑問を感じます。

担当委員　石井啓文

回答書に、「小田原用水」か「早川上水」か、判断する史料はないと言われますが、「早川上水」を記した『新編相模国風土記稿』は第一級史料として扱われています。江戸時代初期「上水・水道」の言葉がなかった頃、水道の意味で「小田原用水」と名付けられ、小田原合戦でこれを見た全国の大名が競って「水道」を敷設したことから、「上水・水道」の言葉が生まれ（『日本史大辞典』）、小田原でも江戸中期には、「早川上水」と称され、明治以降は「小田原水道」と呼ばれています。私たちは、こうした先人の時代に即した正確な言葉使いを大切にしたいと提案しているのです。

委員会は、「諸書に小田原北条氏二代氏綱の時代に造る」と記していますが、そうした書籍を知りません し、私たち陳情書も述べていません。更に、「東国紀行」を認めながら「文献もなく確証を得ることはできない」と、言われる意味がわかりません。「早川上水」の創設年代は特定できませんが、同書から「天文十四年（一五四五）以前」の敷設が判明し、『神奈川県営水道六〇年史』を始め、著名な学者が全国版書籍で、「小田原早川上水」を「わが国最古の水道」と記しています。

また、「伝承として小田原用水が親しまれている」と言われ、「慣用語・通称」とも記していますが、明治の「小田原宿水道」分水事件の際、松原神社に事務所を設け、昼夜詰切りで水道（早川上水）を護ったことを『明治小田原町誌』は記しています。更に、著者片岡永左衛門と『小田原昔話』（昭和一八年刊）の著者田代亀雄は、小田原の年中行事「水道浚」を伝えています。
「北条用水（立木望隆・三津木国輝）」、「早川用水（田代道弥）」、「板橋用水・小田原水道（中野敬次郎）」、「早川上水（古新宿住民）」と、自著等に記した郷土史を愛好される人たちが、全く知らなかった用語を「伝承・慣用語・通称」と言えるのでしょうか？　昭和五十六年頃、古新宿（現浜町）の人たちは、文化財保護課に何度も足を運び、「早川上水跡」碑を建立したと言われています。

史跡指定も、議事録で「場所は板橋に関しては、流路もあるので特定できる」としながら、現状が違うから「指定になじまない」が、私たちには理解できません。史跡とは「歴史の跡」、昔と違うのは当り前で、姿・形が変らなければ「文化財」そのものでしょう。「指定」に関する専門的知識のない私たちは、「史跡指定」に拘りませんが、板橋の「上水取入口」付近を、「早川上水公園」として整備されることを望みます。そこを基点に、「わが国水道発祥の地」を全国に知らせたい！

「地球環境保護」の二十一世紀です。第三回「世界水フォーラム」が琵琶湖淀川水系で昨年四月に開催されました。当市が、「小田原早川上水」を「わが国水道発祥の原点」と発信し続ければ、「世界水フォーラム」の開催地に選ばれる可能性も皆無とは言えません。

因みに、回答書が私の手元に届いた昨年八月二十七日の官報は、東京都の「玉川上水」史跡指定を伝えています。

議事録を読んで

文化財保護委員会の議事録は、インターネットで検出でき、情報公開条例に基づき小田原市役所で閲覧もできる。回答書が作成される主な討議の内容を記しておく。

事務局　ここで言っている「早川上水」については、後北条時代からのものであるが、現在位置の特定はできていない。歴史的な変遷があり、そのまま残っているかは議論の余地がある。江戸時代以降の変遷があり確定できていない。各委員の中で詳しい方があれば教えていただきたい。

副委員長　「小田原用水」、「早川上水」と呼ばれているものが、どのように現在に伝えられているのかについて、お話しさせていただく。私たち小田原の多くの人は「小田原用水」と呼んでいる。この「小田原用水」または「早川上水」とも呼ばれているが水道関係のもので見てみると、小田原北条氏二代氏綱のときに造られたと二・三ある。ところが、これについては何の文献もなく、確証は得られていない。文献上で出てくるのは、この陳情書にも書いてあるように天文十四年（一五四五）の二月、谷宗牧の東国紀行に小田原城内の水については箱根の水海だということであり、このことから三代氏康の頃に小田原城内に早川の水が入っていたということが分かる。これが後の江戸時代の小田原城下十九町のうちの十七町に飲料水としてもたらした小田原用水があったのかというと確証はない。その原形はあったろうと解釈される。江戸時代には須藤町、竹花町を除く十七町に、この陳情書にも載っているように「小田原用水」という名称を使っているが、上水、飲料水として使われたことは間違いのない事実である。十頁に書いておいたが小田原では昔からこの用水については「小田原用水」「早川用水」「板橋用水」「小田原宿水道」「小田原水道」「小田原古水道」「早川上水」「小田原早川上水」といろいろな呼び方がされている。ちなみに昭和五十四年に小田原城のお堀が汚れ、その浄化のために再度この用水を改修し、現在小田原城の中に引かれている。江戸時代を通じてずっと「小田原用水」という名称を使いながら上水として使われているが、明治時代コレラが大流行し、

（中略）明治四十二年に完全にこの水道は上水としての役目を終えた。（中略）名称はともかく、飲料水とした上水であることは間違いない。

委員長　他に「小田原用水」という名称が出てくるものはどうか

副委員長　記載は貞享三年、稲葉氏から大久保氏に替わったときにお引渡しの記録が残っており、これには「小田原用水」とある。「上水」という名前が出てくるのは、天保七年新編相模国風土記稿によると小田原府内、板橋口から蓮池までは「早川上水」という名称を使っているが、板橋分についてはやはり「小田原用水」というように使っている。

委　員　先ず、名称論だが、上水的な性格が非常に強いと言えるが、上水だけでなく他にも使っている訳で、トータルには用水という意味の方が適正ではないか。私の住んでいる、かっての武家屋敷だが、庭があり水路があって、隣近所に全部通じている。早川用水から流れている水で全部武家屋敷に通じていると聞いている。この時には枯れて流れてはいなかったが、このことから見ても上水だけでなく、一般的な都市用水としてのレパートリーも持っていた。これらを勘案すると上水と決めつけることが、どれほど意味があるのかと思う。小田原城の絵図においても早川用水をいただき、用水を飲料に使い、お堀にも一部使われた。天文十四年の氏康の庭に遣り水として使われたものも上水ではなく庭水である。言葉上の解釈から言えばそうなる。そういうことを考えるとむしろどちらかといえば「用水」という一般的な呼称の方が落ち着きがよい。

副委員長　今、言われたように小田原では昔から「用水」という言葉できている。これは一般住民もそうであるし、歴史、郷土史をやっている人も藩の公式記録である「御引渡記録」にあることからそう言っている。今の南町には当時水田があり、この用水を使っていた。また、板橋村でもこの水を使って水田をやっていた。そういう意味では農業用水でもあった。

これらの論議を読者はどう思われますか？　私が、理解できないことを記します。

副委員長は「昔から」を二度言われていますが、この昔は何時からでしょうか？　歴史の検証に「昔から」と言われても判断に困ります。また、「江戸時代を通じてずっと小田原用水」とも言われています。早川上水とは言われなかったのでしょうか？　副委員長自身も、江戸時代の小田原宿では貞享三年（一六八六）「御引渡記録」と、天保七年（一八三六）『風土記』の二点以外は示していない。前者（小田原用水）と後者（早川上水）ではちょうど一五〇年の開きがある。この間に「小田原用水→早川上水」と呼称変化したと思われないのでしょうか？　何故、この二つの資料のみで「ずっと小田原用水」なのでしょうか？

また、某委員の話で、二度も「早川用水」と言われています。この後、「早川用水の水を使っているが、そこが早川用水だということではない。個人の家に取入れており、一般的に用水として用いるという前提のもとに流している訳ではない。早川用水というのは副委員長が言われたように国道、当時の東海道の真ん中に水路を通していた」と、この委員は「伝承・慣用語・通称」を認めていないのでしょう。『小田原市史別編城郭』もそうですが、この委員も、何故、一郷土史を愛好する人の造語を用いるのでしょうか？　造語がいりないというわけではありません。造語は、史料に相応しい言葉がなかった場合に用いられるのではないでしょうか？　「早川上水・小田原用水」と呼ばれた史料がある以上、造語を用いる必要性はないと考えます。

更に、「上水、飲料水として使われたことは間違いのない事実である」（副委員長）と断定しながら、某委員は、「用水という一般的（？）な呼称の方が落ち着きがよい」という。これまでも「市長への手紙」での回答に、「用水」に「水道」も含まれるから「小田原用水」でよいとあった。

確かに、『広辞苑』は次のように説明し、「用水」に「水道」は含まれます。

ようすい【用水】飲料・灌漑・洗濯・防火などの用に供するための川または引き水。また、貯水。

【用水路】堰やポンプで河川から取水し、主に農業用水に配水する水路。第二次大戦後は、都市用水や工業用水のためのものが建設された。

しかし、既述したように歴史用語を説明した『国史大辞典』・『日本史大辞典』ともに、「用水」は「灌漑用水を見よ」とあり、主に「田用水」を説明している。「水道」は、衛生設備の整った明治以後の近代水道のことで、「上水」が近世（江戸時代）の水道と明確に分類している。つまり、歴史用語としては、江戸時代に敷設されたものが「上水」であり、明治以後が「水道」と定義していると言える。「甲府用水」等P.23に示した寛永期までに敷設された水道・用水は全て「上水」の項で説明されている。

また、現代用語では用水＝水道ではなく、上水＝水道である。

某委員は、「上水と決めつけることが、どれほど意味があるのか」と言われる。

「用水」としたために序章に示した『広報小田原』は、「明治時代まで防火用水や雑用水として一般に利用されてきたこの小田原用水」（P.9）としてしまった。また、「政策研究所」も「水道」ではなく、純粋に「用水」（P.104）と判断している。最低限、「早川上水」としていれば、こうした間違いは起こらないであろうし、上水とする意味は陳情書に盛り込んでいる。

某委員が「上水的な性格が非常に強いと言えるが、上水だけでなく他にも使っている」から「用水」の方が落ち着きが良いと言われるが、上水のみで他には使わない水道などあるのだろうか？　この論で言えば、現代の水道も全て「用水」と言わなければ「落ち着きが悪い」ということになる。

副委員長は『東国紀行』の箱根の水海からという記述と、これが『早川上水』という「確証はない」とも言われますが、それでは「早川上水」とは別に早川の水を導く水路があったとでも言われるのでしょうか？

これまでも『東国紀行』の記述のみでは？　ということも聞かされます。既述して来たように、

1、「天正日記」で徳川家康が、小田原で江戸の水道調査を命じていること（P.21）

2、「小田原陣図」に「水道　小田原町中へ取用水」が描かれていること（P.29）

3、「板橋村明細帳」に、大久保忠世が小田原入府の時、小田原用水川が記されていること（P.30）

などは、小田原北条時代に水道が敷設されていたことを証明していると言えるであろう。

最後に、副委員長が「今の南町には当時水田があり、この用水を使っていた」と断定されている。何を根拠に言われているのでしょうか？　私は「小田原用水」では、「この辺は水田であったのか」と思われかねない、（P.39）と記した。まさか、小田原宿の中心地に水田があったなどということが、文化財保護委員から出るとは夢にも思いませんでした。

文化四年（一八〇七）の延絵図（P.26・27）の現南町一帯は埋樋による水道が描かれている。埋樋の寸法は殆どが内法四寸四方（P.28）とある。田圃に給水するほどの水量があったとは考え難い。水田があったのなら年貢が課されている筈、貞享三年（一六八六）の「小田原宿明細書上」（P.30）に、「田〇反〇畝、高〇石〇斗」の記述はない。

『風土記』は小田原宿（上）で、本陣・脇本陣・旅籠等の軒数を記した後、次のように述べている。

「されど田圃なく農事の稼なければ、行旅の休泊に活計をなし、海濱の漁業をもて生産を資く、故に今は宿

高なく地子銭を領主に貢ずとなり、（中略）今も府内谷津村は、別に村高あり、又竹花町に少許の持添地あり」

「田圃はない」と明確に記している。もし、現南町に水田があったとすれば新久《あらく》辺りであろう。

山角町の項にも記している。

「〇小名　△新久　（前略）爰に家數二十五あり、稲葉丹後守正勝城主たりし頃、新開の所なり、今陸田等も開きたれど、均しく町屋の内なり。」

新久には、陸田が町屋の内に少々あると記している。つまり、「水田はなかった」と断定できる。

副委員長は、「用水」の言葉にとらわれ、「水田があった」と思い込んでしまっているのではないでしょうか？「昔から用水」とか「江戸時代を通じてずっと小田原用水」と言われていますが、史料を検討されればそうした事実がないことは、お分かりになると思います。

現在、「早川上水」からお堀に給水されていますが、これについて「稲葉氏の頃と思われる」と記した（P.20）。過日、内田清先生から「稲葉氏が、早川上水からお堀に給水したという史料はありますか？」と聞かれた。確かにそうした史料は見られない。先生は「お堀に給水したのは明治以後ではないか？」と言われる。

明治二十一年（一八八八）、片岡永左衛門は『町誌』で「小田原宿水道及城の外壕等にも引用し」と記している。

改めて、「稲葉家永代日記」も調べたが、二之丸（承応三年（一六五四）・P.29③）や、貞享三年（一六八六）の「御引渡記録」で三之丸（P.14）へ水道を導いたことは判明するが、お濠に給水した史料は見られない。

そして、『水道史』等に「稲葉氏が江戸水道に倣って大改修を行った」等の記述があるが、「早川上水」からの延長は記されているが、大改修の記述史料も見られない。おそらく、稲葉氏以前、大久保忠隣時代に三の丸と外濠が設けられ、この時、外濠に引水されたのではないだろうか？　現在のように内堀に給水したのは、明治時代になって、外堀が埋められた時からと思われる。

（閑話休題）「神奈川県営水道」について、元企業庁長に聞く

私の次兄（石井明）は元神奈川県職員で、県庁の商工部長・県民部長を歴任し、神奈川県公営企業管理者企業庁長を務めた後、県を退職した。

私が、日本最古の水道「早川上水」について調べ始めて間もなく、神奈川県企業庁編『神奈川県営水道六十年史』に出会った。その巻頭に、当時の長洲県知事の『水』とともに生きる」と、企業庁長である兄の「発刊にあたって」が顔写真とともに記されていることに驚かされた。しかも、「小田原早川上水」を記していることに何か因縁めいたものを感じたことが思い出される。

今回、本書を編むにあたって、当時の企業庁長としての「水道」に関する思いを語って貰った。

「神奈川県企業庁は、当県の公営企業として昭和二十七年に発足し、多彩な県土の発展と県民生活の充実に向け、水道事業・発電事業・工業団地造成事業など、様々な事業を展開していた。特に相模川や酒匂川の水を有効活用した県営水道事業は、現在、十二市十町の二百六十万人を超える人々に給水する広域水道に発展を遂げている」

とのことである。それだけに兄は、在任中「水」に対する思い入れは強く、「量」の確保と「質」の充実にはかなり腐心していたようである。

「渇水期には大山の阿夫利（雨降り）神社に〝雨乞い〟に行ったり、相模湖や津久井湖における富栄養化に

よる異臭味問題や、各種化学物質の使用拡大による河川への流出など、水道水源の悪化懸念を踏まえ、将来にわたる水道水の安全性の確保と、より質の高い水道水を目指すため、平成七年四月、寒川町に水質センターを設置した」

という。また、同年一月十七日未明に起こった阪神淡路大震災に際しては、いち早く被災地神戸に応急給水隊及び復旧隊を派遣し、被災住民から大変感謝されたという話は聞いていたが、

「改めて「水」の大切さを痛感させられた」という。

「幸い当県では、相模ダム・城山ダム・三保ダムに加え、宮ヶ瀬ダムの誕生により安定給水が可能となり、近年、夏になると水不足がニュースで話題になるが、本県民はそうした深刻さを感じずにいられるのはこの上ない幸せなことと言えよう。ただ、その裏にはダムの湖底に故郷を沈めた人たちを始め、「水」に対する関係者の理解と協力のもとに、幾多の困難を克服してきた先人たちの努力の成果であろうことを忘れてはならない」

と、強調している。当時の長洲県知事は、次のように記している。

「豊かな自然と長い歴史と香り高い文化に育まれた神奈川県で、日々学び、働き、そして暮らす表情豊かな人々の営みを、「水」は静かに支えています。水道の蛇口をひねるとすぐに水が出てきます。私たちはそれが当たり前と思っています。しかし、水道管を辿っていくと、川をさかのぼり山の中に入り、そしてダムに至ります。しかもそれで終わりではなく、緑のダム、森林にまで行き着くはずです。緑とそれを支える土がない所に水が生まれるはずもありません。また、緑を守る人・ダムや水の安全を厳しく見つめる人たちがいなければ、大切な水は流れ込んでこないでしょう。自然と人間が協力しあって始めて「水」を手に入れることが出来るのだと思います」

兄も、次のように結んでいる。

「先人たちの素晴らしい成果を引き継ぎ、二十一世紀に向けて安全で良質な水を供給するため、引き続き努力してまいります」

「小田原早川上水」についても、兄が在任中に発刊された『神奈川県営水道六十年史』において、こうした先人たちの取り組みを次のように記述している。

「創設時期は明らかでないが『新編相模国風土記稿』や『明治以前日本土木史』から推察すると我が国で最も古い水道施設ではないかと思われる。北条氏時代には、小田原の西方板橋村付近の早川から取水し、開渠のまま山角町光円寺境内を経て、東海道を通り東端新宿町にまで及び、途中各町に分水し一般町民の飲料水として供され、さらに、蓮池に注いでいた。その後、歴代の藩主が水源の水門設置や水路の拡張、暗渠などの改造や修理に努め、多数の町民がこれを利用した。（後略）」

これまで記してきたように、江戸時代は比較的平穏な内に小田原町民は早川上水を利用してきたが、明治以降、近代水道生みの苦しみとでも言ったら良いであろうか、明治二十一年の分水事件に始まり、近代水道敷設の町を二分しての賛成・延期運動、そして、昭和に入ってからの足柄騒擾事件へと繋がって行った。

いずれも、当時の人たちにとって「生命《いのち》の水」を将来に亘って如何にすべきか、を真剣に考えた末の行動であったことは史料から判明する。現在、水道の蛇口を捻れば苦もなく得られる「水」の大切さを、「早川上水を考える」ことにより、知っていただきたいと主張する私の考えに、

「日本最古の水道とは素晴らしいではないか、より具体的資料を提示し、そのことを前面に小田原の先人を

思い、水の大切さを訴えるべき」
と、兄に助言され質問を終えた。

第五章　夢が拡がる「小田原早川上水」

わが国最古の水道「小田原早川上水」を、二十一世紀を担う人たちにどのように伝えたらよいだろうか？平成十四年（二〇〇二）十月三十日、市立城南中学校一年生の総合学習「歴史コース」から、講演を依頼された。翌月の十一月七日、欠席者一名を含めた全員二十二名の感想文が寄せられた。同中学は、「早川上水」が流れる地元であった。拙い説明にも関わらず素直な感想を寄せられ、感動し勇気づけられた私は、全員を紹介したいが、ここでは「早川上水」が記された五編に限らせていただき、一部誤字脱字を補正して収載した。

1　中学生が感じた「早川上水」

☆1年2組　Aさん

先日は城南中学校へ来ていただき、どうもありがとうございました。

私達の住む、小田原・板橋の由来など、とてもよく分かりました。以前から、自分の住む町について「もっと知りたい」と思っていたので、とても興味があり、楽しく聞かせていただきました。

特におどろいたのは「川」のお話です。日本最古の水道、早川上水を毎日のように見ている私達は、しあわせだと感じました。昔の人も、私と同じように、この川を見ていたのだと思うと、なんだかうれしくなりました。

石井先生のお話される事、一つ一つが、おもしろく、不思議なお話もたくさんありました。石井先生のお話が聞けて、とても良かったと思います。石井又機会がありましたら、来ていただけると、うれしいです。

本当にありがとうございました。

☆B君

石井啓文先生へ
この前は、どうもありがとうございました。
ぼくは、小田原城について調べています。小田原城は早川上水とまったく関係ないと思っていました。
でも、先生の話を聞いて、城主だった北条氏が早川上水を作らせ、その水を水路を利用して堀に引水しているということなど、小田原城と早川上水はけっこう関係しているのだと思いました。いろいろ、さんこうになりました。また、来てくだ

早川上水光円寺地下流入口（絵　石井昭子）

さるのを楽しみにしています。

☆C君

石井啓文様

先日は、わかりやすい講座を開いていただき、ありがとうございました。小田原の地名の由来なんか知らなかったし、第一、そんな事を考えた事がありませんでした。身近な事ほど意外と知らなかったり、考えないものですね。まさに、「灯台もと暗し」です。

早川上水（小田原用水）についての講演は、とても勉強になりました。取水口とお堀がつながっていたのは知っていましたが、国道の地下には水道が通っているというのに驚きました。普段、車や自転車で通過するだけの国道の地下には水道が通っているというのは初耳だったし、油が事故で流れこんだというのにもビックリしました。ただ一つ疑問がありました。早川上水（小田原用水）と国道にある排水溝の下（下水）は、同じものなのですか？　別に下水があるのですか？　機会があったら是非教えて下さい。

とにかく、知らない事ばかりだったので、驚きの連続でした。小田原の出なのに小田原を知らないのは、少し恥ずかしい事なのでもっと小田原の事、知ろうと思いました。

……………………

［質問の答］早川上水と排水溝は別です。正確にいうと、排水溝（雨水などの排水）と下水道（トイレの排水など）も別です。早川上水は、現在ではその大部分が国道の歩道の部分に管で埋められ、お堀に繋がれているそうです。下水道は一番深いところで全く見えません。この上に水道管が埋められているのでしょう。排水溝は、道路の端に雨水が入るように作られています。最近では電線も地下に埋められ始めました。

☆D君

先日、講座を開いていただき、ありがとうございました。

小田原の地名の由来や、北条氏の行なったこと、早川上水の事など、わかりやすく教えていただいたので、いろいろな事がわかりました。小田原の堀に軽油が流れてしまった事を聞くのは初めてでしたが、取るのが大変だろうな、と思いました。早川上水の時、日本最古の水道というのがわかり、これはすごいと思いました。早川上水は、板橋村の頃は小田原用水といわれ、宿内は早川から取水しているから早川上水、宿外板橋村は、開渠のため小田原用水と言われていたのとかが、大変よく勉強になりました。

☆E君

石井啓文先生へ

小田原城の堀に流れ込んだ軽油の処理に追われる職員ら

小田原城の堀に軽油

交通事故で180リットル流れ出す

九日朝、小田原市板橋で起きた交通事故で、車から漏れ出した軽油が用水路などを通じて約二キロ離れた小田原城の堀に流れ込み、消防や市職員らが油の除去作業に追われた。

事故があったのは同日午前四時五分ごろ。国道1号線で中郡の飲食店経営男性(35)の乗用車が対向車線にはみ出し、静岡県清水市の男性運転手(31)の大型保冷車と衝突、大型保冷車の燃料タンクから軽油約百八十リットルが漏れ出した。

当時は雨が強く降っており、漏れ出した軽油は側溝から小田原用水に入り、この用水から取水する堀まで流れ着いた。油のにおいが立ちこめる堀では、吸着マットを使っての除去作業が昼過ぎまで続けられた。

平成14年9月10日付読売新聞

十月三〇日は、早川のことや、北条氏のことや、地名など教えていただき、ありがとうございました。僕がきょうみがあったのが、板橋と小田原の地名の由来でした。僕は、最初から板橋だと思ってたけど、初めは板の橋がかけられているからと聞いたとき、おもしろいと思った。小田原は小由留木という地名だったけど、ると木がまざったら、原に似ていて、それで小田原になったんだ、といったとき不思ぎだなと思った。あとの方にきょうみがあったのが、早川上水のことでした。資料のほうで、「早川上水を説明した書籍の用語」の部分が楽しかった。お塔坂下の早川上水取入口の写真は見たことがあります。先生が話をしてくれて、すこし早川上水のことで、きょうみをもちました。また、お話を聞きたいです。

……………………

知らなかったことを知る喜び、それが身近なことだけに、少なからず感動を与えることが出来るのであろう。「早川上水」について、大人が、全市民が、こうした思いを抱かなければならないのではないだろうか。

小田原市民は、大事なことを忘れているように思わされた。

担当の山口幸子先生は、「これが一つのきっかけとなり、郷土を愛せる人に育てばと思います」と、言われた。数日後の十一月十五日、中央教育審議会は教育基本法改正の中間報告を発表した。「郷土や国を愛する心」が、理念に盛られている。

2　日本最古の水道「早川上水」を歩く

小田原市板橋は、天正十八年の大久保忠世の小田原入府に伴い、大窪村を板橋村に改めたことが寛文一二年（一六七二）の板橋村明細帳（P.29）に記されている。

　ただ、太田道灌の作とされる文明十二年（一四八〇）の「平安紀行」に板橋の名が見え（初見）、板橋↓大窪↓板橋となったと『風土記』は記している。しかし、「平安紀行」の作者太田道灌は疑問視され、小田原北条時代の文書には板橋の地名は全く見られない。中世以前の板橋地名は「平安紀行」のみである。同書冒頭の文明十二年に間違いはないだろうか？　同書を江戸時代の作品と発表できれば、画期的な足跡を残すことになるのだが…。

　そんな大それたことを頭の片隅に置いて、青空の下、板橋の「早川上水」を歩いた。

　小田原駅東口から、小田原城方面に八小堂書店前のお城通りを直進すると旭丘高校に突き当たる。右折すると、小田原城入口を見て城山隧道と青橋との二叉路に至る。JR東海道線沿いの城山隧道に向け、左手に小田原城の樹蒼を仰ぎ見ながら進み、隧道を潜れば正面が国道一号線と早川方面熱海道の交差点である。

　その手前に歩行者用の信号があり、青信号を待って横断すると東海道線のガードを潜り、右手に旅の常備薬「ういろう」で知られる外郎《ういろう》家の祖宇野藤右衛門定治が開基した玉伝寺、その先を辿れば北原白秋が寺内に「木兎《みみずく》の家」を建てて住んだ伝肇寺であるが、左折して国道一号線に出る。箱根方面と熱海・伊豆方面へ分岐する最も交通量の多い所である。板橋方面に右折すると「御組長屋」とある旧町名石碑が目に入る。板橋（上方）口の足軽長屋のあった所である。ここに住む足軽たちが、早川上水を巡視していたのであろう。

　その右手が居神神社である。正面の石段を登った中段踊り場左手に「水神」が祀られている。『延絵図』（P.27）も明確に記している。先の伝肇寺文書に「井神の森」（P.16）とあり、その由縁が窺える。更に石段を登れば境内に鎌倉時代末期の念仏供養の古碑群がある。小田原市指定重要文化財である。

　参拝を終えて国道に戻ると隣が光円寺である。春日局の再建と伝えられ、ご住職は代々春日姓であるという。同寺の角が国道と旧東海道の分岐で、右に旧道をとり新幹線のガードを潜り、旧道に別れを告げてガード沿いに右折して小坂を辿ると小川に出る。目的の「早川上水」である。小橋を渡れば、正面が県立小田原職業技術校で、上水沿いに右手ガード下を進めば、先ほどの光円寺墓地越しに同寺本堂が聳えている。上水は墓地の石壁に突き当たり右折して小家屋の下を地下に吸い込まれて行く。僅かな距離であるが国道の騒音は静かになり、小川のせせらぎが耳に心地よく響いてくる。ここから先ほどの居神神社前に出て、東海道の真ん中を流れ、城下住民のための飲料水として供給されていたのである。現在はお堀に給水されている。

暫し、せせらぎに耳を傾けたあと、上水を遡ることにする。

小橋の所で水路を覗けば分水した一流が地下に吸い込まれ旧道と国道の方に潜って行く様子が見える。『延絵図』に描かれた板橋の架かる分水路である。

小川を左にして小道を辿ると、右手に本応寺を見て一際広い坂道を横断する。坂道を上れば茶人・実業家で知られる益田孝が明治末年より過ごした掃雲台に通じている。更に上水沿いの小道を辿れば、右手に宗久寺・生福寺・霊寿院・興徳寺・栄善寺と、さながら寺町通りの観である。

水路の側壁に洗い場用のステップらしきものが刻まれている。洗濯や野菜洗いをするための場所とわかるがセメント造りであり、大正末から戦後までの間に使われたものと推定できる。地方の用水路に見られる洗い場風景が、この早川上水でも同様に行われていたと推定する人もいるが、どうであろうか？

福井市の芝原上水では、法令に反した者は過料銀（罰金）を徴収されたという。「過料覚」によれば、芋や小鰈《かれい》を洗っただけで銀五匁、同三匁、最高は洗濯をして銀二十匁を徴収されている（『国史大辞典』）。

早川上水も絶えず、足軽が見廻っており、水門の管理は板橋村の担当であった。板橋口から水門まで五百《メートル》程であろうか？　本町の御用留に水路係への音物《いんもつ》はしないという請書（P.35⑱）がある。ということは、お目こぼしを願って住民が進物を届けることがあったとも考えられる。

　当地に過料等の史料は見られないが、江戸時代は水路係の見廻りはかなり厳しく実施され、洗濯等は禁止されていたと思われる。

　やがて、T字路に直面すると小川は直角に左折し、道を右折すれば毎年十二月六日の火伏祭りで知られる秋葉山量覚院を左に見て、松永記念館と香林寺への道である。左折して上水を辿ると旧東海道に出る。『延絵図』に板橋村西方、板橋が描かれている所で、「松永記念館入口」の木柱が建っている。

　上水は旧道を潜ると行く手は民家に阻まれる。右折して旧道を辿れば板橋地蔵尊を右に見て、左には昭和初期の出格子窓付きのどっしりした建物の植村邸がある。同邸の先、地蔵尊の正門石段の斜向《はすむ》かいの民家の路地坂を少し下れば再び上水に出る。右手上流は民家の間を流れ辿るこ

早川上水

ホタルの里
この地域は、ホタルを養殖し放虫している水路です。
水をきれいにし、ホタルを可愛がりましょう。
小田原ホタルをふやそう会

とは出来ないが、その先で国道を横断している様子が窺える。小橋を渡り左に水路沿いに下ると、小川越しに「ホタルの里」の看板が目に入る。

水は蕩々として流れ、目をつむれば四百五十有余年彼方が浮かぶが、民家の庭に無断で入っているようで落ち着かない。地蔵尊前の旧道に戻り、先へ進むとすぐに左へ入る小道がある。早川上水に石の小橋が架かり格子付き木造家屋（右写真）が、上水のせせらぎと溶け込み昔を偲ばせてくれる。この家を過ぎるとまた、同じようなせせらぎが流れている。明治の分水事件によって設けられた分水路であろう。これを渡ると国道一号線に出る。「お塔坂下」と呼ばれ、上を箱根登山鉄道の鉄橋が跨いでいる。

信号を待って一号線を渡れば「小田原用水取入口」説明板。かつて、「早川上水としなければ」という意見もあり、両者を勘案した文章になったという。

更に五、六メートル行った所に駐車場スペースがあり、釣り客であろう数台が駐車している。ここには、立派な「市川文次郎頌徳碑」（P.156）が建てられてい

早川上水分水地点、下流から上流を見る（右側水位が高くなっている）

る。

　水門脇に階段があり、河川敷へ下りると、ゆったりとした水が水門に流れ込み、余水は水量調節の堰板を乗り越えて、五、六十メートル先で本瀬に戻って行く。上手を見れば、同じく五、六十メートル位先が本瀬との分岐点で高い方に水が流れている。近づいて見れば、分水している様子が分かる。一昨年、高い方に流れていると思ったのは錯覚（P.109）ではない。巧みに石組をして水位を上げ、自然に高い所に流れるよう工夫している。振り返れば水門の辺りで本瀬とは二メートル近い高低差ができている。昔から、こうした方法だったのであろうか？改めて人間の知恵の素晴らしさを教えられる。

　暫し、早川のせせらぎに耳を傾け、湯本の三枚橋から近くに迫る箱根の山に目を遊ばせる。

　水門に戻り階段を登って、改めて水門を通った清流を覗くと三・四メートル程深い所を流れている。「取入口」説明板の付近で水路は二つに分かれる。分水事件の際に設けられた分水口（P.45）であろう。二つの流れは、ともに国道を潜り、先ほど見た格子付き木造家屋の前後に流れている。国道側が分水事件で作られた四分五厘の流れ、山側が五分五厘に調整された北条時代から悠久の時を刻む早川上水である。

　旧本水路に沿って国道へ出、旧道を戻ることにする。地蔵尊前を通り、板橋が架けられていた「松永記念館入口」木柱の所で考えた。

　何故、ここから道の中に板橋口まで水路を造らなかったのだろうか？　府内のみ東海道の中を通し、何故板橋村は道路を避けたのだろうか？　小田原北条氏時代、板橋村の人家はどのくらいだったのだろうか？旧道沿いにある石屋善左衛門や紺屋津田藤兵衛は、北条氏の招きでこの地へ居を構えたと伝えられている。板橋村明細帳（P.18）には「呑水は川水を用いる」とあった。同村民は早川の水を使用したことが窺える。とすると、山側を通したのは府内に流すため、高さを保つためだったのではないか？　当時とは勿論違うだろうが、思った以上に清流に勢いがある。

こんなことを考えながら旧道を小田原方面へ進むと、左に一際目立つ建物が目に入る。明治三十五年建築の元醤油醸造の内野邸である。この辺り、一・八月の地蔵尊縁日には両側いっぱいに露店が並び、江戸時代は相模国随一の参拝者であったことが紀行文等に記されている。今も、その賑わいは伝えられている。

更に進むと、実業家大倉喜八郎が大正九年に建てた「山月」入口の看板がある。この道を行けば、山県有朋が明治四十年に建てた「古稀庵」と「皆春荘」に通じる。次いで、昭和初期のバルコニー付き洋風建築の朝倉邸を左に見て進むと紺屋津田藤兵衛家で、蔵が開放され見学できる。その先が二メートル余の石灯楼が置かれた青木石材店である。祖は北条氏に招かれたと言われる石屋善左衛門である。過日（平成十四年十月二十六日）の劇団「こゆるぎ座」の公演では、江戸時代の小田原城主稲葉氏が、この善左衛門家を避けるために用水（上水）を山側に通すという脚本であったが創作である。

上水の敷設は小田原北条氏の事績で、善左衛門の居住と殆ど前後していたかも知れない？

やがて、上水路スタート地点の光円寺のある板橋見附に出る。天正十八年（一五九〇）七月、小田原合戦終結の時、秀吉は石垣山を下り、ここ上方（板橋）口から小田原府内に入り、家康は江戸（山王）口から入り、ともに東海道の真ん中を流れる「早川上水」を目にしたのである。家康はこの時、江戸の水道調査を命じ、僅か三ヶ月で小石川上水を敷設し、後の神田上水の基を作った。その後、寛永期までに各大名が敷設した小道・用水は十六を数え（P.23）、「早川上水」を参考にしたことが知れる。

旧道と国道との分岐点にある三本コーヒー店前の信号で国道を渡る。南側道路下を覗けば、小川が国道下から流れ出ている。最初に見た小橋下でお堀への流れと分岐した早川に戻る水路である。この小川に板橋村東側の板の橋が架けられていたのである。

数メートル程箱根方面、ジュエリーシマノ手前に南に入る路地があり、これを辿ると水路に沿って十メートル程で広い道に出る。ここで水路は暗渠・側溝となる。道なりに進めば蔦の垂れ下がる小さな隧道《トンネル》が二つある。紅葉した蔦に風情がある。上の線路は手前が箱根登山鉄道、向こう側がJR東海道本線である。近くで車を洗っている青年に、隧道に名前があるかを尋ねるが「ない」という。「蔦隧道?」「双子隧道?」蔦の名前(種類)の知識がない。そこを出た所が熱海道。水路は熱海道沿いの側溝となり、この先で早川に戻っているのである。

前方右手斜向かいに国史跡「小田原城早川口遺構」入口の木柱が立っている。道路を横断し「遺構」を見学するのもよい。小田原合戦時に築造された「総構跡」である。遺構に沿って側溝があり、これを辿ればやがて開渠となり大蓮寺前で海に注いでいる。「新川」と呼ばれているが、「延絵図」には描かれておらず、江戸時代にあったかは断定できない。

熱海道を左に五十メートル程戻ると国道一号線と小田原

風情ある二つのトンネル

駅方面への交差点。そこを左に東海道ガードを板橋方面へ戻れば、小田原城主大久保家の菩提寺・大久寺である。国道を横断し、小田原駅方面に最初に渡った信号の所を右折すれば、閑静な住宅地を「天神社」を経て、「御感の藤」のあるお茶壺橋に出、小田原城に通じている。

（平成十四年十月・記）

昨年（平成十五年）、第二章「閑話休題」に記した植田又兵衛（P.66）に出会った。

「天神社」を経て、お堀に早川上水が給水されている様子を見てから、現在、排水路となっている「護摩堂川」を歩けば、江戸（山王）口見附の宗福寺に行ける。

そこには、明治時代に小田原町民の「生命《いのち》の水」を護った「植田又兵衛先生之墓」がある。

「護摩堂川」も現在では小田原市民に殆ど知られていないが、小田原城絵図の内、「静嘉堂元禄図」・「横井本天保図」・「板倉本天保図」（以上『小田原市史

お堀流入口

別編城郭』収載）に、外濠から流れ出ている様子が鮮明に読み取れる。この絵図から、護摩堂川が外濠の排水路となっていたことが知れる。現在は全てが暗渠となっているが、内堀の排水路として残っており、暗渠を辿れば、絵図に描かれた水路と殆ど変わっていないことが知れる。

『風土記』の記述から、水路沿いの蓮上院と本源寺に「護摩堂」が記され、川名の謂われも判明する。同川には「泪橋」や「七枚橋」も架けられ、小田原城総構の渋取川に合流しており、郷土史を知るべき話題にこと欠かない。板橋の上水取入口で「市川文次郎頌徳碑」を、最後に宗福寺で「植田又兵衛先生顕彰墓」と、「小田原宿水道」の明治時代の功労者二人を偲ぶ「早川上水・護摩堂川散策コース」をお勧めしたいと思う。

3　夢が拡がる「小田原早川上水」

『小田原市史別編「城郭」』（P.四八八）収載の「小田原陣図」は、作成年・作者ともに未詳であるが、小田原合戦に参陣した秀吉配下（石垣山周辺に布陣か？）の武将が、小田原合戦の各武将の配置図を描いたものである。あるいは、合戦後、領地に帰り、小田原陣の記憶を思い起こし描かれたものとも考えられる。

この絵図には、板橋村を流れる「早川上水」が、板橋口から府内に流入する様子が描かれ、「水道　小田原町中へ取用水」の記述が読み取れる。天正十八年（一五九〇）、小田原合戦の時、早川上水が敷設されていたことが窺える貴重な絵図である。

また、寛文十二年（一六七二）の足柄下郡板橋村明細帳（P.30）は、大久保忠世の小田原入府により、大窪村を板橋村と改めた由縁を記している。同村東西入口の「小田原用水川（早川上水）に板の橋が架けられていることから板橋村」とあり、前絵図同様、大久保忠世入府の時（天正十八年）、「早川上水」の存在が判明する。

そして、「天正日記」で小田原落城の時、家康が江戸の水道調査を命じたのも、「早川上水」が小田原北条氏によって為されたことの状況史料と言えよう。

こうしたことを当市が発信し続ければ、『国史大辞典』や『日本史大辞典』にも「日本最古の水道」として「小田原早川上水」が紹介されるであろう。

静岡県の三島市と、駿東郡清水町に「千貫樋」という史跡がある。駿東郡玉川・伏見・八幡・長沢・柿田の五ヶ村の田地に灌漑するため、三島小浜池の水を引き境川に架した水道橋（樋）である。名称の由来は、①その巧妙さ（建築法）が価千貫、②高千貫の田畑を潤す、③建設費に千貫を要した、との三説があり、架設年代も①応仁三年（一四六九）と、②天文二十三年（一五五四）の二説がある（『三島市史』）という。

応仁三年は余りに古く俄には信じ難い。後者の天文二十三年は、三代北条氏康が甲斐の武田・駿河の今川と戦い和睦した年である。これ以前に敷設した「早川上水」で培われた、小田原北条氏土木技術の延長線上にあったことが考えられる。

現「千貫樋」説明板は、次のように記している。

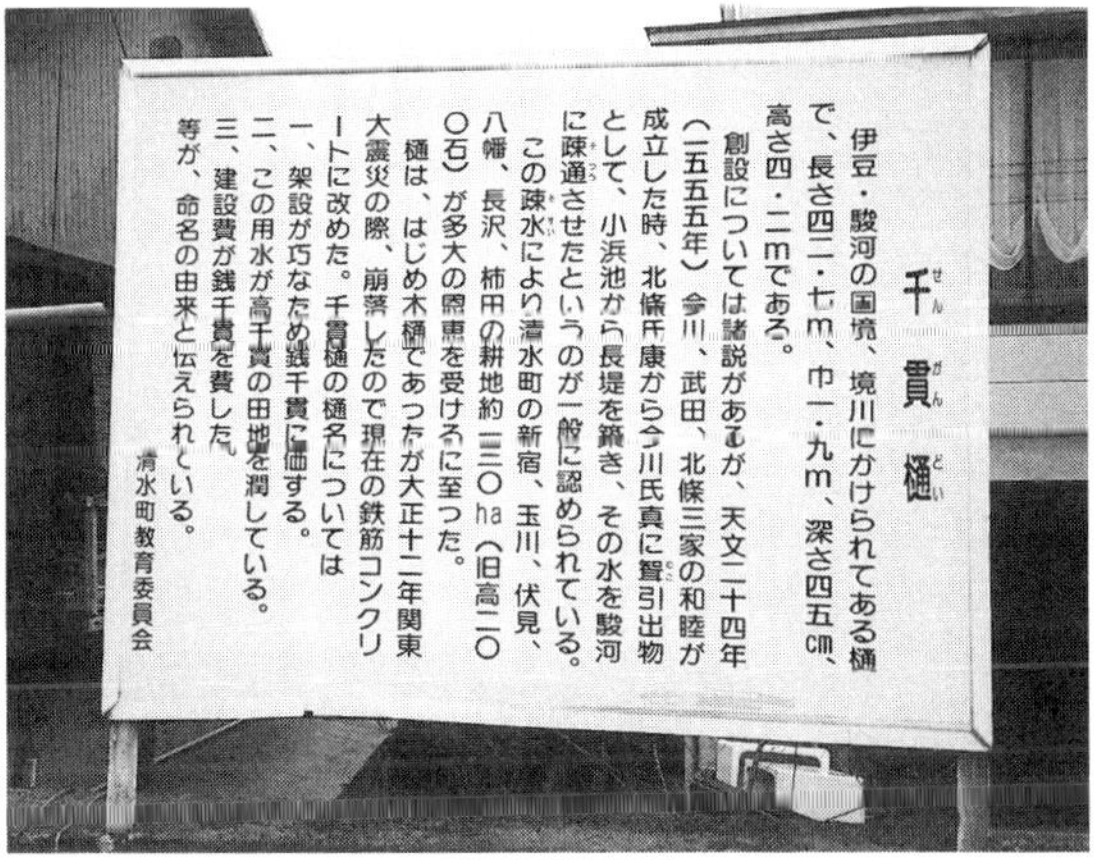

千貫樋説明板

「伊豆・駿河の国境、境川にかけられてある樋で、長さ四二、七m、巾一、九m、深さ四五㎝、高さ四、二mである。創設については諸説があるが、天文二十四年（一五五五）今川・武田・北条三家の和睦が成立した時、北條氏康から今川氏真に聟《むこ》引出物として、小浜池から長堤を築き、その水を駿河に疎通させたというのが一般に認められている」

ここでいう「聟《むこ》引出物」の「聟」とは、『小田原北条記』（江西《こうせい》逸志子《のいっつし》原書・岸正尚訳）によると、「氏康の息子氏政が晴信の婿になり、晴信の息子義信は義元の婿に、また、義元の息子氏真は氏康の婿に決まった」とある。天文二十四年は、『東国紀行』が書かれた天文十四年の十年後である。高さ四m余の所に、四〇m余の木樋を敷設したのである。素晴らしいではないか。小田原北条氏の土木技術の自信が窺える。

また、厚木市には旧厚木村の厚木用水から分水した「上町前堀」があった。厚木宿の西側を南に流れ大通りの中央に敷設され、古老の話によると、朝早くこれを汲み上げて飲料水にも用いたという。厚木古記録は、次のように記している。

幕末の厚木宿の絵葉書（F・ベアト、厚木市郷土資料館蔵）

「上町前堀正保弐乙酉年ニ堀割ル」
「延享三年丙寅十一月前堀下宿片町迄堀割ル、西側与次郎兵衛、東側七右衛門」

正保二年（一六四五）、上町の掘り割り工事が出来、百年後の延享三年（一七四六）に、天王大縄手の南を割り掘ったことになるという（『厚木市文化財調査報告書第拾集』）。

ご承知のように厚木村は北条時代は小田原領で、江戸時代になると領主は変遷するが、享保三年（一七一八）からは荻野山中藩の前身である駿河国松永陣屋の支配下にあったと推定され、天明三年（一七八三）に、小田原藩の支藩として分封されている。矢倉沢往還道の中央に敷設された水路（写真）から、小田原北条氏時代に敷設された早川上水を、参考にされたことは容易に推定できる。

明治維新の戊辰戦争で、小田原と似た経過を辿った新潟県長岡市は、第二次大戦の空襲を受け史跡は少ないと言われている。そこで「見る観光から考える観光を」と、郷土史家でもある稲川同市立図書館長は言われ、「単なる史跡巡りではなく、歴史やそれを題材にした文学を通じて、イメージを膨らませていく。そのために、中央で聞けない話、想像をかき立てるようなエピソードを訪れた人に提供していきたい」とも言われている。

長洲元神奈川県知事と小泉総理の言われた「米百俵」の町である。

徳川家康を始め、小田原合戦に参陣した全国の大名が「早川上水」を見て帰り、白領に水道を敷設したのである。明確な史料は見られないが、状況史料を発掘し、各地で「早川上水」を参考にしたことなど、行政・市民が一体となって日本最古の水道「早川上水」を発信したい。四百五十有余年、悠久の時を刻み、今もその流れを伝えているのである。

過日、「早川上水」について説明していた際、地球環境保護に関心をお持ちの小泉啓子様から、次のような質問をいただいた。

「小田原北条氏は、どうして水道敷設に思い至ったのでしょうか？」

極めて自然であり素朴な疑問である。にも関わらず、こうした質問に直面したのは初めてである。しかしながら、この疑問に答える資料は見られない。そこで、私なりの考えで質問に答えた。

「近年、北条早雲は室町幕府の申次衆をしていたという説が定着してきた。第三章（P.89）で述べたように、京都では早い時代に溝や樋の存在が知れ、水路を設けて水を導く方法も用いられていたと思われる。おそらく、水道の原形である水路を設けて飲料水を確保することは平安時代には用いられ、水道の言葉もかなり早い段階で生まれていたのではないだろうか。早雲もこうした溝や樋を用いて水を導く方法を知っていたのではないか？　早雲のブレーンであった京都以来の家臣たちも、早雲同様に知っていたのではないだろうか？　三島市に残る「千貫樋」からもそうしたことが窺われる。こうした家臣たちの知恵が、二代氏綱によって小田原の町づくりに活かされていたのではないだろうか？」

小田原史談会の陳情書は、「早川上水を利用した城下町づくり」「水文化の情報交換」等を提案している。近くは、先の三島市や清水町・厚木市との交流、そして今年一月、わが国で三番目に近代水道を敷設した秦野市は「名水公園」を設立した。「水文化」の情報交換も可能である。

平成十五年四月、「第三回世界水フォーラム」に参加した嘉田由紀子京都精華大学教授は、かつては、

「隣人が汚れを流さないという顔の見える信頼関係が、川の水をも飲み水にする安心感をもたらしていた」と言われる。更に「世界子ども水ツォーラム」の企画運営にも関わった。そこで、チャドのセラフィン君（十七歳）の言われた、

「むかし、川の水を飲料水に使っていたのは、美しい水路を保つには汚れ物を流さないという地域社会のルールが守られているに違いない。水神が置かれているのは、水への信仰が厚いからだ」

は、「水の風景の裏に社会組織と精神のあり方を読み込んでいる」と、言われている。

「小田原早川上水」も水神が祀られ、河川敷には「水神の森」名（P. 17）も残存していた。

まさに、江戸時代は板橋村と小田原宿の信頼関係で、さしたるトラブルもなく平和裏に早川上水が使用されていたと思う。それが便利さの追求が進み文化が発展するとともに、文化的利便さは得られたが、自然への思いや人間関係で失われたものも少なくないことを歴史は教えてくれる。

「早川上水公園」を整備することにより、そうしたことを多くの人たちと考えてゆきたいと願っている。

過日（平成十六年六月十八日放映）、小田原ケーブルテレビの「小田原あの人この人」という番組に招かれた。その数日前、一五《いちご》コンテンツ部企画課森山親弘氏のインタビューを受けた。主題は、私が開業当初から携わった東海道新幹線の仕事と、この本の出版を予定している早川上水の話であった。私の話を聞いて森山氏がまとめた「早川上水」に関するメモは、次のようであった。

先ず、アナウンサーへのアドバイスとして、

「小田原攻めに加わった徳川家康が、小田原の上水道を見て、これから自分の領地とする江戸にもこうした水道設備を作りたい！　と思ったのではないか。そんな推理のスパイスを効かせて、近々『日本最古の水道、小田原早川上水を考える』と題した本を著そうとしている方がいらっしゃいます」

アナウンサーは的確にこの文章を読み、私の出番になる。最初はお召し列車に乗務したことなどJRでの仕事の話で、後半が早川上水についてであった。最後のまとめで、私へのメモを次のように示していただいた。

「小田原攻めと江戸上水道着工との関係を明らかにしたい。家康が江戸に上水を設ける際に、小田原の上水を参考にしたという資料はどこにもない。しかし、家康は小田原の早川上水に感動し、自らの町にもこのような上水が必要だと考えたに違いない。その推理の根拠は史実が示す天正十八年七月「十日」と「十二日」。小田原攻めで北条方が降伏し、家康は江戸口から市街に入った。それが七月十日。東海道の道の真ん中を綺麗な上水が流れていて、そこから分岐した水を小田原市民は飲んでいた。それは「水道筋」と呼ばれていた。家康はその事実を真摯に受け止め、江戸に上水を設けるよう指示したと推測できる。家康が七月十二日に江戸の上水敷設の命令を出した史実と、小田原入城が七月十日であったという史実の数字が明らかに符合しているのである」

残念ながら、収録直前に渡されたこのメモに私は目を通したのであるが、本番でこのように話すことはできなかった。収録を終え、帰宅した私はこのメモを読んで、改めて、ジャーナリストの的確な把握力と表現力に感心させられるばかりであった。

先述した「考える観光、想像をかきたてるエピソード」を言われる長岡市図書館長の話は、こうしたことをいうのであろう。現在の私の能力では望むべくもないが、勉強して少しでも近づけるよう努力したいと思う。それが、アドバイスを受けながら話せなかった失礼に報いる唯一の方策と思う。

(閑話休題) 郷土史を再発見する愉しみ

平成十三年末、『小田原の郷土史再発見』を出版したことから、ホンゴー出版社『さすが&されど』誌編集長から、執筆依頼のお手紙をいただいた。本誌は、年六回(隔月)刊行で全国版三千余の発行部数であるという。主旨は「郷土史を再発見する愉しみ」を、拙著の「日本最古の水道『早川上水』」と「酒匂川の徒歩渡」を中心に「私の研究」欄に書いて欲しいとのこと、である。

思っても見なかった執筆依頼は、素人の私には大変光栄なことであった。刊行本で「小田原早川上水」が各地の大名に参考にされたのではないかと記した根拠を、水道敷設地の領主を調べてより具体化し、全国誌読者向けに書き改め、本書第一章を要約した論考が、同誌No.二五(平成十四年七・八月)号に掲載された。

この『さすが&されど』誌は、「六〇歳からの知恵と体験交流誌」と銘打たれている。

次号のNo.二六(平成十四年九・十月)号の「読者のひろば」欄に、次のような感想文が掲載された。

野島頼達（横浜市）

◆石井啓文さんの「郷土史を再見する愉しみ」に大変啓発されました。戦国時代の大名たちは、多くは、その戦い振りについて語られますが、石井氏の研究によれば、名だたる大名は「早川上水」を知るや、いち早く優れた上水道を己の城下に採り入れていたことがわかります。城下に多数の人々が集まれば上水の整備は必然だったのでしょう。当時の都市計画（インフラ整備）と考えると、なかなかに興味深いものがあります。

牧野昭子（秋田県）

◇（前略）「郷土史を再発見する愉しみ」いま、日本全土でこうしたことを地道にやらなくてはならぬ、と思います。拝読して勉強させられました。

こうした読者からの感想は、筆者にとっては大変励みになる。

ただ、この時、記すことのできなかった「再発見する愉しみ」を、ここに記させていただく。

古文書を読む愉しみは、「過去との遭遇」「時空《とき》を超えての対話」にあると言われる。

古文書を手にすると、「身のふるえる思いがする」という人がいられる。確かに「過去との遭遇」であり、古文書を読むことにより過去が甦えってくる。しかし、「時空を越えての対話」や「身のふるえる思い」という心境を味合うまでに私は至っていない。その点、郷土史を繙《ひもと》いていて、まさに「時空を越えての対話」「身のふるえる思い」をしばしば経験した。

中里村（小田原市中里）は、元和三年（一六一七）に検地が行なわれ、新墾の地であることから新屋村と称して成立、酒匂郷に属していた。寛永十八年（一六四一）、二度目の検地で一部を中里村に分村するが、慶安二年（一六四九）、時の小田原城主稲葉正則が、新屋村を中里村に併入したと言われている。これは『風土記』の記述によるもので、『日本地名大辞典』（角川書店刊）や『日本歴史地名大系』（平凡社刊）共に、この記述に則っている。

元和検地の根拠とされる「検地帳」が、巳三月一日（本書A帳）と元和三年巳四月二十八日（写B帳）の二冊が、原家（元中里村名主家）に現存する。いずれも表紙が欠落しており、村名及び検地実施日は確定できない。小字名が記されていることから中里村（新屋村か？）の検地帳と判断できる。

『風土記』は、天保十二年（一八四一）に、同七年（一八三六）頃の地誌書上帳を元に幕府が編纂したと記されている。同書の記述から、その筆者は、原家に残る表紙（検地実施年月を記載）のない検地帳を見て、最終頁に書かれている作成年月日（実施日か？）により、この年に検地が行なわれたとしたのではないだろうか？　まさに「過去との遭遇」である。

元和三年の中里村は小田原城代近藤秀用の知行地であり、同年検地に疑問が生じるのは、次の理由からである。

イ、検地帳は、大・半・小歩制で記されており、同年ならば既に町・反・畝・歩制が実施されており、疑問が残る。

ロ、検地人の大草庄左衛門・形部右衛門・小坂新助の三名が何者か判明していない。

以上の二点から、元和三年以前の巳年に検地が行われ、B帳はその写しであることが考えられる。特に、イ項の地積の単位は、太閤検地で全国的に町反畝歩制に統一され、大久保氏は慶長検地までは北条氏の古制である大半小歩制を採用している。内田哲夫氏は、小田原領の村では少なくとも元和三年という時点では、大半小歩制は使用していない、と言われ、中里村元和三年検地に、疑念を呈しながらも「神奈川県史所在目録」で、元和三年としているから、と記している（小田原藩の研究）。

これを解決するためには、ロ項の検地人を知ることである。彼らが大久保忠隣の家臣ならば慶長検地となる。ところが、『寛永諸家系図傳』・『寛政重修諸家譜』・『旗本人名辞典』・『姓氏家系大辞典』等のいずれを探しても、彼らの名前を見い出せない。このためだろうか、『神奈川県史通史編』では、

「元和三年、すでに天正期より新開が進められていた足柄下郡の新屋（小田原市）に、検地奉行大草庄左衛門らを派遣して新田検地を実施し、高二百石を打ち出して新屋村を誕生させ（のちに中里村と改名）、（後略）」

と記し、形部・小坂らを幕府派遣の検地奉行としてしまった。おそらく、これまでの郷土史では「元和三年の小田原領は幕領」としている論考が多く、先述した近藤秀用の知行地であったことに思い至らなかったのであろう。幕府が大名の知行地に検地奉行を派遣することは考えられない。

ある日、私は国立国会図書館で『徳川実記』に人名索引編があるのに気付き、大草、形部、小坂の名を調べていると、小坂新助があるではないか…。長い間、探し続けた人物を遂に尋ね当てた。しかも、索引から辿った本文には、次のように記されている。

※台徳院殿御實紀巻廿五　慶長十九年正月
○廿七日是まで大久保相模守忠隣に預られし小坂新助某。米倉丹後守信繼。曲淵庄左衛門正吉。其外武川衆召出さる。

何と、二代小田原城主大久保忠隣が失脚し、小田原城が幕府に没収された時、小坂新助が小田原城に呼び出されているのである。その数日前の記述を記してみよう。

○十九日執政相模國小田原城主大久保忠隣が居城を収公せらる。
○廿五日小田原の本丸にて両御所御對面ありて、…當城の外郭石壘を破却せしむ。

忠隣失脚時の経緯も綴られ家康と秀忠の両御所が小田原城で対面し、石垣を壊したことも記している。そして、その後の記述にも小坂新助を見い出した。

※台徳院殿御實紀巻廿九　慶長十九年十月
○廿三日鑓奉行は小林勝之助正次。………小坂新助勝吉。……
※台徳院殿御實紀巻卅五　元和元年四月
○十日鎗奉行近藤平右衛門秀用。小坂新助某。………

と、大坂冬の陣（慶長十九年）と夏の陣（元和元年）に、小坂新助は鎗奉行を勤めているではないか。まさに「身のふるえる思い」が極致に達し、何か叫び声を発したい心境であった。

このように、「徳川実記」に小坂新助があるならば、他にも記した文献があってよい筈。

こうして、小坂新助を訊ねる旅？　が続いた。しかしながら、彼の名は杳《よう》として見つからない。気分転換に、以前読み終えて手元にあった三津木国輝著「大久保忠世・忠隣」を、通勤電車で読み返しているし、次の記述があるではないか。

「大久保忠隣は、永禄十一年（一五六八）三月七日、遠州堀川城攻めに十六歳で初陣し、（中略）永禄十二年（一五六九）正月、徳川家康は、駿河を信玄に追われた今川氏真の籠もる掛川城を攻囲した。正月二十二日の夜襲には、家康みずから山家《やまが》三方衆《さんぽうしゅう》を先手として出陣したのである。大久保新十郎忠泰（忠隣）も叔父大久保治右衛門忠佐や小坂新助などと共に参陣していたが、（後略）」

小坂新助は、永禄時代から家康の家臣であったことが知れる。

しかし、この記述が、何を根拠（出典）に書かれたものかは記していない。著者三津木氏が永禄時代の掛川城攻めを見ているわけはないのである。著者に訊ねれば早いのであるが、三津木氏と面識はない。何とか自分で探したい。光明の見えた小坂新助を訊ねる旅？　が続けられる。

ある時、仕事で立川に行き帰りの電車待ち合わせ時間に、駅ビル内にある書店を覗いた。私の足は当然、歴史コーナーに向う。そこで、『原本現代訳『三河物語』大久保彦左衛門原著上下』を手にする。忠隣が徳川家に謀反の疑いで失脚したことに、叔父である彦左衛門が、大久保家の徳川家に対する忠誠の証《あかし》として書かれたものと言われている。文庫本であるが、下巻には主要人名索引が付いている。と、カ行に小坂新助があるではないか！　上P.一九二と記された本文には、次のように記されている。

「永禄十二年正月、徳川家康が今川氏真の篭もる掛川城を攻めた時、大屋七十郎を大久保治右衛門尉（忠佐）が討ちとる。小坂新助は敵正面の土塁まで押入って、土塁のところで敵を討ちとって引きあげた」

永禄十二年（一五六九）は、忠隣失脚の慶長十九年（一六一四）より四十五年前である。忠隣は天文二十二年（一五五三）

生まれであるから、この時十七歳である。小坂も同歳前後ではなかろうか。おそらく、忠隣の良き同僚だったに違いない。

以上の記述から、小坂新助は家康の若い時からの家臣だったが、何らかの理由で大久保忠隣に預けられ、忠隣失脚と同時に召し出されて、大坂冬・夏の陣に二代将軍秀忠公の鑓奉行を務めていた。忠隣失脚から僅か八日後に小坂新助以下を召し出していることに、失脚と大坂攻めが表裏一体であることを窺わせる。そして、小坂新助が慶長十九年の正月まで小田原にいたことが判明し、その後、小田原を去っているのである。

中里村の検地は、忠隣失脚前の慶長十八年以前の慶長十巳年（一六〇五）か、文禄二巳年（一五九三）も考えられる。『風土記』の記述も、今日、私たちが史料を元に調査しているように、天保時代に見られた史料で推定した記述もあり、間違いがあっても不思議はない。私には、『風土記』が当時名主をしていた原家に残る史料で書かれたように思える。今から一六八年前の天保七年（一八三六）に、原家に現存する表紙の欠落した二冊の検地帳を見て推察していたことを考えると、まさに、「時空を越えての対話」そのものの思いがする。

「温故知新」の言葉が好きである。イギリスの歴史家E・H・カーは、「歴史とは、現在と過去との尽きることのない対話だ」と言う。今を生きる私たちが過去に問いかけ、過去が私たちに語りかける。過去があるから現在があり、現在の私たちが振り返るからこそ過去が生きてくる。

第三章一項の表1から表5（P.72～80）では、郷土史の先輩たちの記述から、何を根拠に記されたかを調べた。その中には、筆者の本意ではない記述もうかがわれる。

これも私と筆者との「過去との対話」である。

歴史は今も生きている。時々刻々、成長していると思う。こうした先人たちの足跡を大切にし、より良い郷土史に発展させ、現在に活かしてゆかなければならないと思う。

先の、『さすが&されど』誌№二八（平成十五年一・二月）号の「過ぎゆく日々」欄へ、「沈思黙考の日々、日常の雑事や読書の記録など日記風に綴って欲しい」と投稿を依頼され、下に示す短文を掲載していただいた。

過ぎゆく日々

郷土を愛する心

石井　啓文
（小田原市・62歳）

▼11月7日　「小田原や板橋の事よくわかりました」「小田原の歴史すごいと思った」「初めて知ったことがいっぱいあった」。市立城南中学校1年生から、10月30日に総合学習「歴史コース」に招かれ、郷土の歴史を話した際の感想文が22名全員から届いた。

ＮＨＫの「ようこそ先輩」のようにはいかないと承知はしていたが、問いかけても余り答が返らず表情に表わさない生徒たちに、自分の拙ない話のためと、反省させられた私には、思いがけない便りであった。子供らしい文章を、素直に喜び、真剣に聞いて貰えたことがわかり感激した。

戸谷美穂さんは「特に驚いたのは『川』のお話です。日本最古の水道、早川上水を毎日のように見ている私たちは幸せだと感じました。昔の人も私と同じように、この川を見ていたのだと思うと、なんだか嬉しくなりました」

知らなかったことを知る喜び、それが身近なことだけに、少なからず感動を与えることが出来るのであろう。大人も、全市民が、こうした思いを持ちたい！　何か大事なことを教えられたように思った。

担当の山口幸子先生からは、「これがきっかけとなり、郷土を愛せる人に育てばと思います」と記していただいた。

▼11月15日　中央教育審議会は、教育墓本法改正の中間報告を発表した。「郷土や国を愛する心」が理念に盛られている。郷土史に興味を持ち始めて7年、改めてライフワークとして掛替えのない趣味を持てたことを実感した。

終章　「早川上水公園」の設立を提案

小田原北条氏が敷設した「小田原早川上水」は、「上水・水道」の言葉が浸透していなかった頃、「小田原用水」と呼ばれた。小田原合戦終結の際、徳川家康はこれを見て、江戸の「小石川上水」敷設を小田原で命じている。更に、小田原に集結していた各大名も、自領に帰ると競って水道を敷設した。こうして、「上水・水道」の言葉が普及し、小田原でも「早川上水」と称されるようになる。

明治時代になると片岡永左衛門や植田又兵衛は、この「早川上水」を必死に護り、「小田原宿水道→小田原町水道」と呼んで伝えてきた。昭和に入り、この「上水」も水道の役目を終わり、地元の人たちに「用水」と呼ばれ雑用水に用いられるが、田代亀雄は、著書『小田原歳時記』で、片岡永左衛門が記した小田原の年中行事「水道浚え」を伝えている。

ところが、板橋の「上水取入口」説明板設置の際、当時、地元で「用水」と呼ばれていることから、「小田原用水取入口」の説明板が設置された。しかしながら、現代では雑用水に用いられることも殆どなく、また、「用水」と呼ばれたことも忘れ去られ、単なる「小川」と見られているのが実情である。

こうしたことから、「小田原用水→早川上水→小田原水道」と、時代と共に呼称を改めてきた私たち先人の素晴らしさを知らされた私は、それを市民に伝えたく、小田原史談会元会長岡部忠夫先生に、同会からの「早川上水」の陳情について相談したところ、次のようなご助言《アドバイス》をいただいた。

「『早川上水』について、石井さんが陳情されようとしていることは、小田原市民の郷土愛を育むにはかつてない良い材料です。それを放って置くことは小田原市民にとって損失です。そこで、小田原の上水が一番古かったことを表示するようにして欲しいと、強く希望します。

陳情書を読む人が辟易しないように、それを受け入れやすいような表現が必要です。理詰めでなく、相手の感情に訴えるような表現が望ましいと考えます」

先生は、前段でご賛同を表明され、後段では私の欠点を戒めてくださいます。お陰様で史談会の方々のご協力をいただき、私にとってはこれ以上ない陳情書（P.110）ができました。

ただ、字数に限りがあり同書提案の二項（P.111）は、抽象的表現になりましたので、補足説明をいたします。

（1）の町づくりでは、板橋お塔坂下の取水口を

市川文次郎碑

「早川上水公園」として整備し、「わが国水道発祥の地」を発信する基点とし、いずれは取入口水門の史跡指定を提案したいと考えます。

（2）の他市町との連携行事とは、家康が小田原で江戸の水道敷設を命じてできた小石川・神田上水や、北条氏直夫人徳姫（家康娘）が再嫁した池田家で敷設した赤穂水道などとの交流を願っています。

（3）の「水文化の情報交換」とは、地球環境保護が叫ばれる今日、「わが国水道発祥の地」を全国に知らせておけば、水文化の情報交換にも役立てることができます。平成十五年四月には「第三回世界水フォーラム」が琵琶湖淀川水系で開催されました。大会の開催地に選ばれることがないとは言えません。

こうして見ると「小田原早川上水」は、小田原城跡に次ぐ遺構と考えられます。いや、活用次第ではそれ以上とも言えます。各地の上水道敷設の過程・由来等の情報交換が行われれば、「早川上水」に繋がるエピソードも生まれるのではないでしょうか。最早、「小田原早川上水」は、小田原市のみのものではない。神奈川県の遺産でもあり、国の遺構でもある、と思い至ります。

上水取入口付近には、明治二十一年の分水事件、同二十九年の逆川事件に板橋村村長として尽力した市川文次郎（一八四二〜一九〇七）頌徳碑と、文政元年（一八一八）頃、小田原に現われた遊行上人で、「今弘法」と崇められたが獄死した、木食観正（一七五四〜一八二九）の碑もあります。これに「わが国水道発祥の地」の石碑を建立して「小田原早川上水公園」として整備されることを提案します。

更に、現早川上水水門も『風土記』に記された、「高さ一丈二尺（三、六四m）、幅八尺（二、四二m）の水門」を偲ばせています。是非、小田原の史跡に指定していただきたく希望します。

平成十四年（二〇〇二）九月、読売新聞は板橋の路上で横転した車から漏れ出した軽油が、早川上水に流れ込み小田原城のお堀に流れ込んだ交通事故を伝えています。（P.130）こうした話は、子どもたちには非常に理解され易い。光円寺境内で、地下に吸い込まれ小田原城のお堀に給水されている様子も多くの子どもたちに教えてやりたい。

昨年からは、「世界子ども水フォーラム」も開催されました。川の合流する景色は見ることがありますが、反対に、川が分流する風景はあまり見られないと言われます。よく見ると、「早川上水」の分流する様子も高い方に水が流れており、興味深い。

過日、小田原史談会から「早川上水を歩く」史跡巡りを依頼され、取入口の下見に来た時、水門の調節に来た市役所河川課課員二人にお会いした。私が、高い方に水が流れている石組みについて話すと、分水地点の対岸の護岸を指さし、「あの辺りから分水地点に堰のように大きな石が川を横切るように並べられていた。数年前の大水で流され、河原に散在する大きな石はその石だ」「現在では、水勢を利用し分水地点に設けられた縦の堰で高い方に水が流れるようにしている」と言われた。

そして、この時は水量が多く分水路に設けられたコンクリートの側壁に分水路の水が溢れ、側壁路を歩くことはできない。そこを歩き、分水路に行けば縦の石組みを見ることが出来、国道に上る階段もあり、周回できる、と私が説明すると、「分水路水位は、午前十時と午後二時に水門で調整している」と言われる。

木食観正石碑

こうしたことを子どもたちに見せて教えてやりたい。特に、「私たち先人が川の水を飲料水にしたことは、上流の人たちが汚れ物を流さない、という信頼関係で江戸時代の水文化が支えられていた」と、早川上水公園で説明できることを念願している。

この願いを達成したく、次の五項目を提案します。

1　早川上水公園の設立
2　「わが国水道発祥の地」の石碑建立と、現存する市川文次郎頌徳碑及び木食観正石碑の整備
3　早川上水水門の史跡指定
4　明治21年の分水事件を解決させた分水口説明板の設置
5　水門から分水地点までの回遊通路の整備

※主な参考図書

書名	著・編者	発行所	発行年月日
新編相模国風土記稿（全６巻）	長坂一雄	雄山閣	S.55.
東海道分間延絵図	児玉幸多	東京美術	S.53.７.
国史大辞典（全15巻）	国史大辞典編集委員会	㈱吉川弘文館	S.54.３.１
日本史大辞典（全７巻）		㈱角川書店	H.５.
日本地名大辞典・神奈川県		㈱角川書店	S.53.
日本歴史地名大系・神奈川県の地名		㈱平凡社	S.59.
徳川実記１（国史大系38）	黒板勝美	㈱吉川弘文館	S.４.10.25
寛政重修諸家譜	続群書類従完成会		S.40.
小田原市史史料編		小田原市	H.１～
小田原市史別編城郭		小田原市	H.７.10.15
三河物語（大久保彦左衛門著）	小林賢章訳	㈱教育社	H.８.８.20
日本水道史（全２巻）	中島工学博士記念		S.２.
明治以前日本土木史	日本土木学会		S.11.
日本水道史（全５冊）	日本水道協会		S.42.３.
近世交通史料集４東海道宿村大概帳	校訂児玉幸多	㈱吉川弘文館	S.43.３.24
貞享三年御引渡記録集成	解説・校訂石井富之助	神奈川叢書刊行会	S.40.12.12
明治小田原町誌	片岡永左衛門	小田原市立図書館	S.53.３.31
東海道名所記	浅井了意　朝倉治彦校注	東洋文庫　㈱平凡社	S.54.１.30
日本の上水	堀越正雄	㈱新人物往来社	H.７.６.５
井戸と水道の話	堀越正雄	㈱論創社	S.56.２.10
江戸上水道の歴史	伊藤好一	㈱吉川弘文館	H.８.12.20
足柄下郡誌	函左教育會	伊勢治書店	M.33.
小田原歳時記	田代亀雄	㈱名著出版	S.18.
とみず子ども風土記	高橋武二	郷土史研究会	S.39.
あるく箱根・小田原	立木望隆・三津木国輝		S.52.５.
専漁の村（古新宿村史）	小田原市第16区自治会	万年公民館	S.55.９.
西さがみ庶民史録第10号	西さがみ庶民史録の会	㈱アルファ	S.60.６.
あるく・見る箱根八里	田代道彌	神奈川新聞社	H.３.12.24
近代小田原百年史	中野敬次郎		H.４.10.
ビジュアル・ワイド江戸時代館	竹内誠監修	㈱小学館	H.14.12.

※主な引用文書の出典

第一章　日本最古の水道「早川上水」　第３項　早川上水の仕組み

◎小田原市史別編「城郭」　小田原市　H.７.10.15
- ①小田原陣図（絵図）
- ⑥元禄大地震領内被害書留
- ⑦祐之地震道記
- ⑨相州小田原大地震之記
- ⑩文久図（絵図）

◎小田原市史史料編近世Ⅰ　小田原市　H.７.12.
- ③稲葉家永代日記

◎神奈川県史史料編４　神奈川県　S.46.２.27
- ②根府川石密売取調報告
- ④足柄下郡板橋村明細帳

◎神奈川県史史料編９　神奈川県　S.49.３.20
- ⑤小田原町明細書上
- ⑧小田原本町五人組帳条目

◎小田原市立図書館所蔵文書　解読：石井啓文
- 辛巳上京農記　筆者未詳（片岡家文書）　H.12.11.30
- ⑪～⑳御用留（片岡家文書）　H.13.７.１

◎小田原市史史料編原始古代中世Ⅰ　小田原市H.10.３.
- 明叔録　明叔
- 平安紀行　太田持資道潅
- 東国紀行　谷宗牧

「早川上水」散策マップ

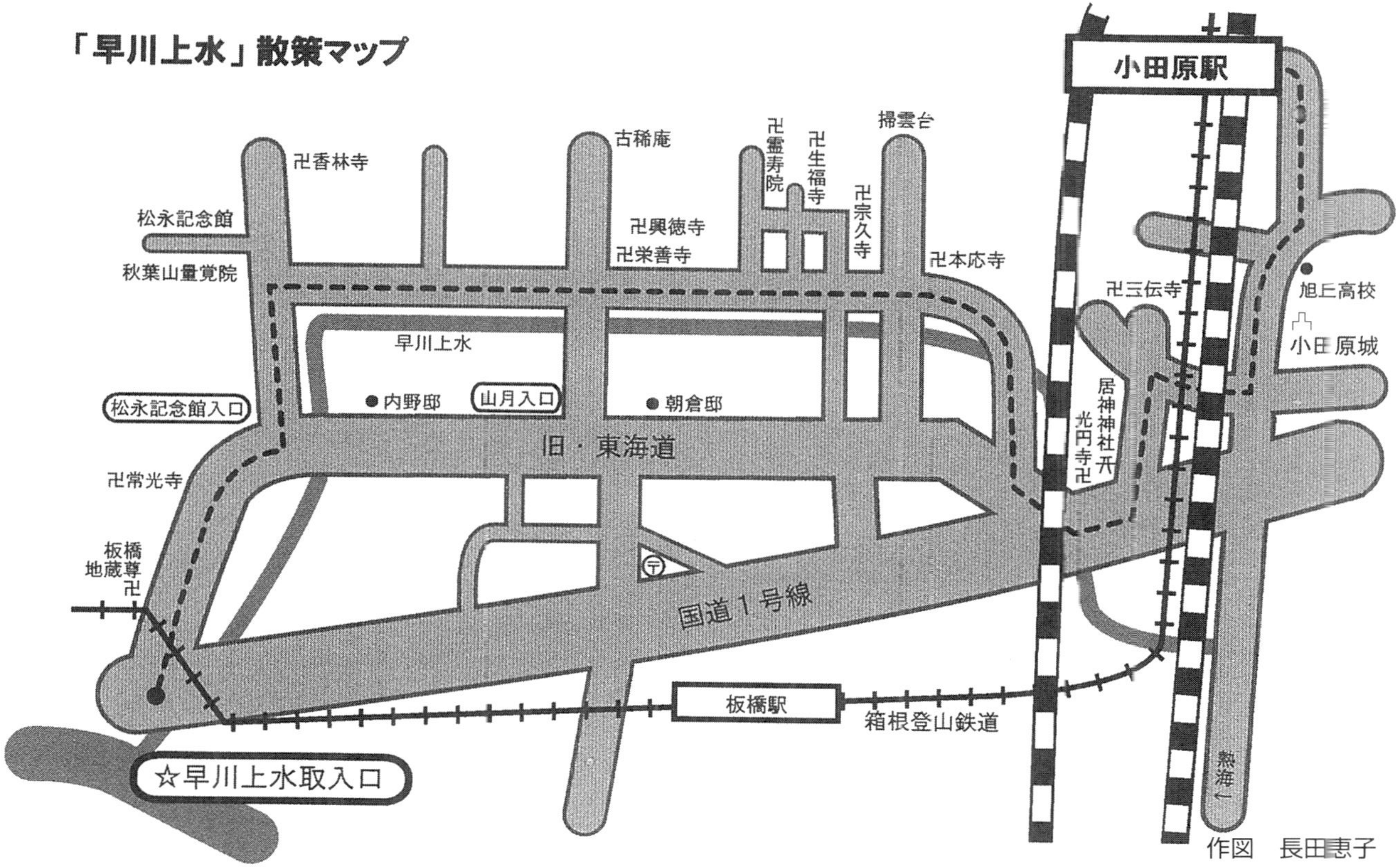

作図　長田恵子

編集後記

平成二年の広報「小田原」の「小田原用水の復元」記事が発端で、「用水」関係を調べて見たが、「小田原用水」には繋がらなかった。次いで「上水・水道」関係の書籍から、「小田原早川上水」を知ることになる。そして、こうした矛盾を解消したく多くの方々のご協力をいただき、小田原市に働きかけてきましたが、行政が一度決めたことを改めるのは容易でないことを知らされます。

しかしながら、行政の回答をいただく度に「早川上水」の素晴らしさ、私たち先人の事績を、小田原市民および全国民に知っていただきたく確信となってきました。こうしたことをご理解いただき、「小田原史談会」を始め、「小田原古文書の会」や「西相模歴史研究会」の先輩諸氏からご助言をいただき、本書の刊行に至りました。

特に「早川上水を考える会」の発起人にご賛同いただいた小田原史談会元会長岡部忠夫先生・同前会長の山口一夫先生、そして、小田原古文書の会前会長の原正氏・同現会長の尾崎照三氏、地元板橋の日下部庄一氏には一方ならぬご指導をいただきました。心より感謝申し上げます。

また、資料の検討にご指導をいただいた内田清先生を始め、西相模歴史研究会の先生方、そして、古文書の解読にご指導をいただいた小田原古文書の会・長野ふみ江様にも大変お世話になりました。

更に、校正段階で貴重な資料のご提供とお話をいただいた陌間要一氏と田代兼太郎氏、そして、故人の談話掲載をご許可いただいた池田家と古沢家の皆様を始め、ここにお名前を記せないほど多くの方々にお世話になりました。御礼申し上げます。
最後になりましたが、編集方針の変更と度々の校正にも拘わらず快く受諾され、このように立派な書籍に仕上げていただいた夢工房の片桐務様、本当にありがとうございました。心より御礼申し上げます。

平成十六年五月　　石井啓文

追記

本原稿脱稿後の六月、小田原市は第四章1項に示した「小田原用水取入口」の説明板を、新たに建て替えました。それには、「小田原用水（早川上水）取入口」とあり、「早川上水」に一歩前進は感じますが、設置年月日と担当部課名は記されていません。撤去前の説明板の柱には「小田原市」とありましたが、今回は、「小田原市」の表示もありません。これでは、誰が設置したものか全く分かりません。

著者略歴

石井啓文(いしい　ひろふみ)
1940年、小田原市に生まれる。
1959年、神奈川県立小田原城東高等学校卒業、日本国有鉄道に奉職。1964年、東海道新幹線モデル線管理区に於て、新幹線開業に携わる。1986年、国鉄民営化後もJR東海㈱で、一貫して新幹線車両の検修部門に従事、1991年勇退。弘済整備株式会社に奉職。
1996年、小田原市の生涯学習「きらめき☆小田原塾」市民教授制度の発足とともに参加、「小田原の郷土史再発見」をテーマに活動。「古文書にみるシリーズ」で、鴨宮村史、中里村史、山王原・網一色村史、小田原の宿と酒匂川の徒歩渡を、自作出版。
2001年、「小田原の郷土史再発見」を自費出版。
小田原古文書の会・小田原史談会・西相模歴史研究会会員
「相模風土記を読む会」主宰

〒250-0003
神奈川県小田原市東町3-3-53
TEL(0465)34-3360

小田原の郷土史再発見 Ⅱ

日本最古の水道「小田原早川上水」を考える

二〇〇四年七月十二日　初版発行
二〇一六年六月十五日　再版発行

著者　石井啓文 ©

制作・発行　夢工房
〒257-0028　神奈川県秦野市東田原二〇〇－四九
TEL(0463)82-7652　FAX(0463)83-7355
http://www.yumekoubou-t.com
ISBN978-4-86158-074-1 C0021 ¥1200E
2016 Printed in Japan